云计算与大数据技术应用

杨其正　郑珂晖　樊一林　◎著

图书在版编目（CIP）数据

云计算与大数据技术应用 / 杨其正，郑珂晖，樊一林著. — 沈阳 ：东北大学出版社，2024. 4

ISBN 978-7-5517-3517-9

Ⅰ. ①云… Ⅱ. ①杨… ②郑… ③樊… Ⅲ. ①云计算②数据处理 Ⅳ. ①TP393. 027②TP274

中国国家版本馆 CIP 数据核字（2024）第 075006 号

出 版 者：东北大学出版社

地址：沈阳市和平区文化路三号巷 11 号

邮编：110819

电话：024－83683655（总编室）

024－83687331（营销部）

网址：http://press.neu.edu.cn

印 刷 者：辽宁一诺广告印务有限公司

发 行 者：东北大学出版社

幅面尺寸：170 mm×240 mm

印　　张：14.5

字　　数：281 千字

出版时间：2024 年 4 月第 1 版

印刷时间：2024 年 4 月第 1 次印刷

责任编辑：潘佳宁

责任校对：罗　鑫

封面设计：潘正一

责任出版：初　茗

ISBN 978-7-5517-3517-9　　　　定　价：65.00 元

前 言

云计算与大数据同为重点发展的技术高地，因其技术的实际需求与场景战略，二者之间有着天然紧密的联系。云计算为大数据提供了存储与分析的平台，反过来大数据又推动了云计算的发展，是云计算的重要组成部分。总的来说，云计算与大数据相辅相成，密不可分。

近年来，云计算与大数据成为炙手可热的新技术，吸引了许多公司和企业家前来投资和创新。这主要是因为云存储的弹性扩容技术与大数据分析技术使得商家在成本效率极高的情况下，可以对消费者的行为进行实时和极端的细分，从而产生巨大的商业价值。产品的交易过程、使用过程及人类行为都可以数据化。大数据技术可以将这些数据系统地整合起来，然后通过云平台满足其对计算能力的需求，并为其提供存储、共享以及出色的数据保护服务。它们的结合深度挖掘出了数据的商业价值，提升了企业工作效率，为企业发展添砖加瓦。

本书是一本以云计算与大数据应用为核心，以云计算与大数据基础知识为根本出发点的著作，以通俗易懂的方式深度剖析了云计算与大数据的平台、方案、产业布局以及具体应用等，系统地向读者讲解了如何快速有效地了解云计算与大数据技术，并深度解析了云计算与大数据的技术及其发展。具体包括以下内容：云计算基础，云计算架构，云管理、云安全和云运营，大数据分析技术，面向复杂系统设计的大数据应用平台，多数据分析方法集成的复杂系统设计技术，大数据管理，云边协同大数据系统，人工智能技术。

本书结构清晰，拥有一套完整、详细和实战性强的云计算与大数据方案，适合于与云计算与大数据相关专业的院校作为教材使用，也适用于云计算与大数据的创业者、企业人工智能管理者和相关云计算与大数据技术的研发人员。

本书是由枣庄金声文化产业发展有限公司的杨其正、福建农林大学计算机与信息学院的郑珂晖以及华信咨询设计研究院有限公司的樊一林共同编写完成。具体编写分工如下：杨其正负责编写第 1 章云计算基础、第 2 章云计算架构、第 7 章大数据管理以及第 9 章人工智能技术，共计 10.5 万字；郑珂晖负责编写第 3 章云管理、云安全和云运营、第 4 章大数据分析技术以及第 8 章云边协同大数据系统，共计 12 万字；樊一林负责编写第 5 章面向复杂系统设计的大数据应用平台和第 6 章多数据分析方法集成的复杂系统设计技术部分，共计 5.5 万字。全书最终由杨其正、郑珂晖、樊一林共同统稿完成。由于水平有限，书中存在的疏漏和不当之处，敬请各位专家及读者不吝赐教。

作者

2024 年 1 月

目　录

第1章　云计算基础

1.1　云计算的发展演化

众所周知，云计算被视为科技界的下一次革命，它将带来工作方式和商业模式的根本性改变。追根溯源，云计算与并行计算、分布式计算和网络计算密切相关，更是虚拟化、效用计算、SaaS、面向服务的架构(service-oriented architecture，SOA)等技术演进的结果。

云计算的发展演化主要经历了四个阶段，这四个阶段依次是电厂模式阶段、效用计算阶段、网格计算阶段和云计算阶段。

1.1.1　电厂模式阶段

电厂模式就好比利用电厂的规模效应，来降低电力的价格，让用户使用起来更方便，且无须购买任何发电设备。

1.1.2　效用计算阶段

计算服务比作大规模的发电厂，发电厂的规模越大，发电成本就相对越低，那么仿照大规模电厂的模式，将大量的计算资源都集中到一个公共的计算中心，这样人们获取计算资源的成本就能够大幅度地降低。

在1960年左右，计算机设备的价格非常昂贵，远非普通企业、学校和机构所能承受，所以很多人产生了共享计算资源的想法。1961年，麦肯锡在一次会议上提出了“效用计算”这一概念，其核心是借鉴电厂模式，具体目标是整合分散在各地的服务器、存储系统以及应用程序并共享给多个用户，让用户能够像把电器的插头插入插座，从而使用电力资源一样使用计算机资源，并且根据其所使用的资源量来付费。由于当时整个IT产业还处于发展初期，很多强大的技术比如互联网等还未诞生，所以虽然这个想法一直为人称道，但是总体而言“叫好不叫座”。

1.1.3　网格计算阶段

网格计算阶段研究如何把一个需要巨大的计算能力才能解决的大

问题分成许多小的部分，然后把这些部分分配给许多低性能的计算机来处理，最后把这些计算结果综合起来解决大问题。可惜的是，由于网格计算在商业模式、技术和安全性方面存在不足，其并没有在工程界和商业界取得预期的成功。

1.1.4 云计算阶段

云计算的核心与效用计算和网格计算类似，也是希望使用 IT 技术能像使用电力那样方便，并且成本低廉。但与效用计算和网格计算阶段不同的是，在云计算阶段，互联网已得到广泛应用，其安全性已为人们所认可，而且协同共享资源的需求越来越强烈。在此需求的驱动下，云计算诞生了。

1.2 云计算的特征

无论是广义云计算还是狭义云计算，均具有以下五个特征。

1.2.1 随需应变自助式服务

云计算平台具备快速提供资源和服务的能力，用户可以根据自己的实际需求来扩展和使用云计算资源。此外，用户还可以通过网络以自助的方式方便地进行计算能力的申请、配置和调用，供应商则可以及时地进行资源的回收和再分配。

1.2.2 随时随地使用任何网络设备访问

云通过互联网提供自助式服务，用户不需要购置相关的复杂硬件设施和应用软件，也不需要了解所使用资源的物理位置及配置信息等，就可通过网络随时随地获取云中的计算资源以及使用高性能的计算力。

1.2.3 多人共享资源池

云平台的供应商将云上的计算资源汇集在一起，形成一个庞大的资源池，然后通过多租户模式将不同的物理和虚拟资源动态地分配给多个用户，并根据用户的需求进行资源的再分配。用户通常不需要知道所提供资源的确切位置，就可以使用更高级别的抽象的云计算资源。

1.2.4　快速弹性使用

能够根据用户需求快速变化进而弹性地实现资源的供应及再分配，实现快速部署资源或获得服务。通常情况下，资源和服务可以是无限的，可以在任何时候购买任意数量的资源和服务。云计算业务按资源和服务的使用量计费。

1.2.5　服务可被监控与量测

云服务系统可以根据服务类型提供相应的计量方式，云自动控制系统通过利用一些适当的抽象服务（如存储、处理、带宽和活动用户账户）的计量能力来提高资源利用率，并且可以监测、控制和管理资源使用的情况。同时，还能在供应商和用户之间提供透明服务。

除此之外，一般认为云计算还有其他特征，如基于虚拟化技术快速部署资源或获取服务；减轻用户终端的处理负担；降低用户对于 IT 专业知识的依赖程度。

1.3　云计算的服务模式

1.3.1　基础设施即服务

基础设施即服务（IaaS）是把 IT 基础设施作为一种服务通过网络对外提供，并根据消费者对资源的实际使用量或占用量进行计费的一种服务模式。基础计算资源包括处理能力、存储空间、网络组件或中间件。消费者不需要搭建云基础架构。

1.3.2　平台即服务

平台即服务（PaaS）是把服务器平台作为一种服务通过网络对外提供的一种服务模式。此种服务模式允许消费者开发、运行和管理自己的应用，而无须构建和维护通常与应用相关联的基础架构或平台。

1.3.3　软件即服务

软件即服务（SaaS）是消费者使用应用程序，但并不需要掌握操作系统、硬件或运行的网络基础架构。SaaS 提供了一种新的服务理念，软件服务供应商以租赁的形式给消费者提供服务，消费者无须购买软件，比较常见的模式是提供一组账号和密码。

1.4 云计算的部署方式

1.4.1 公用云

云基础设施可通过网络及第三方服务提供者，开放给用户使用，这里的“公用”并非免费，但不排除免费的情况。公用云（public cloud）通常在远离用户的地方托管。同时，公用云并不表示用户数据可供任何人查看，其供应者通常会对用户进行访问控制，以尽可能地降低用户风险。

1.4.2 私有云

私有云（private cloud）具备公用云的很多优点，两者最主要的区别在于私有云是为一个用户单独使用而构建的，并不对其他用户公开，因而其提供对数据安全性以及服务质量最有效的控制，从而更大限度地保证用户数据信息的安全。私有云中，数据和程序都在组织内管理，不会受网络带宽等的影响。

1.4.3 社区云

社区云（community cloud）与公用云相似，不同的是社区云由众多有相仿利益的组织掌控及使用，不对除此组织之外的用户公开。社区成员共同使用云数据及应用程序。

1.4.4 混合云

顾名思义，混合云（hybrid cloud）由两种及以上的云（公用云、私有云或社区云）组成。其中每种云相互保持独立，用一套标准或专有的技术将它们组合起来。混合云既可以充分利用公有云的弹性计算、按需计费的特点，还将不适用于公有云的系统核心组件迁移到其他类型的云上。

第2章　云计算架构

随着信息技术的不断发展，海量的数字资源不断涌现，用户的信息需求也发生了巨大变化。新一代的数字传播技术已不再满足于获取简单的信息，而是希望通过一种高效的检索方式，获取分散在不同位置的相关领域专业知识，满足用户的实际使用需求。因此，数字传播过程中的信息需求从最初的孤立的、简单的显性信息转变为聚合程度高、关联复杂的知识，这就需要对数字资源进行整合，构建高效的数字传播系统。而在此过程中，设计一个合理的云计算架构对于全面改进、整合数字传播系统的结构和功能将起到十分重要的作用，从而使得数字资源在传播过程中能够发挥最大的作用。

2.1　云计算的总体架构

2.1.1　硬件基础设计架构

1.服务器集群

云计算所需要的最基本的硬件就是大量串联起来的服务器。为了解决大量密集的服务器串联带来的主机散热问题，云计算数据中心通常会采用“货柜式”摆放法，即将大量的服务器集群规整地摆放在类似大货车的集装箱里。为了实现云计算平台的效用性，对庞大规模服务器集群必须采用具有大规模、可伸缩性、数据可重复性以及容错和平衡负载等特性的串联技术。例如，谷歌的数据中心与 Oregon Dellas 数据中心是互为备份的，为了维护服务器之间的负载平衡，将计算工作平均分配到服务器集群上去。相对于网格计算，云计算的基础设施比较集中。

2.超容量的空间

作为 IaaS 实体，云计算除了提供高性能的计算以外，还必须有足够的存储空间，以满足用户对不断增强的信息存储的需求。谷歌在全球共拥有 36 个数据中心，能提供近 115.2 万 MB 的存储空间，并且通过 GFS 和 Big Table 来实现数据的存储和管理。

3.高速网络带宽

云计算是基于 Internet 的网络计算模式，大量的服务器集群和超容量空间的数据存储与交换，不仅要求云计算数据中心的服务器之间使用超高速网络连接，还对客户端的网络速度和频宽提出了更高的要求。

2.1.2 软件系统平台架构

1.云文件系统层

云基础设施必须有一个底层的操作系统，负责数据的存储及访问。如 GFS 就作为谷歌的文件系统，开源 Hadoop 的文件系统为 HDFS(Hadoop Distributed File System)。

2.虚拟化层

云计算系统中，虚拟化是最关键的技术，即将实体服务器和软件系统虚拟成多个并行可操作的虚拟对象。虚拟化解除了应用程序数据和底层物理资源之间的捆绑，使之更适合不断变化的业务。如 XCP(xen cloud platform)已经成为云计算平台广泛采用的虚拟化软件。

3.计算模型层

计算力是云计算的重要指标，云计算平台必须提供简单、便捷的计算模型，以保证高质量、高可靠性的计算力。云计算平台的计算模型属于并行运算的范畴，由于云计算数据中心密集，所以不存在早期 MPI 带来的节点失效的问题。目前，云计算模型通常采用 MapReduce 模型。

4.数据库管理层

云计算需要对分布的、海量的数据进行分析、处理，这就必须要有数据库管理层来对大量数据进行高效管理，包括提供在大规模的数据中找到特定的数据的功能。如 Big Table 和 HBase 分别是谷歌和 Hadoop 所对应的数据库管理层。

5.用户应用与开发层

云计算系统的终极目标是提供尽可能优质的信息服务，包括个人级和企业级的。其主要是通过 IaaS、Web Service 等应用软件来提供信息查询、存储空间服务、高性能计算、应用程序服务和基于云计算平台的开发等。

2.1.3　云计算体系架构

云计算可以按需提供弹性资源，它的表现形式是一系列服务的集合。结合当前云计算的应用与研究，其体系架构可分为用户访问接口、核心服务、服务管理三层。用户访问接口层实现端到云的访问。核心服务层将硬件基础设施、软件运行环境、应用程序抽象成服务，这些服务具有可靠性强、可用性高、规模可伸缩等特点，满足多样化的应用需求。服务管理层为核心服务提供支持，进一步确保核心服务的可靠性、可用性与安全性。

1.用户访问接口层

用户访问接口实现了云计算服务的泛在访问，通常包括命令行、Web服务、Web门户等形式。命令行和Web服务的访问模式既可为终端设备提供应用程序开发接口，又便于多种服务的组合。Web门户是访问接口的另一种模式。通过Web门户，云计算将用户的桌面应用迁移到互联网，从而使用户可以随时随地通过浏览器访问数据和程序，提高工作效率。虽然用户可以通过访问接口使用便利的云计算服务，但是由于不同云计算服务提供商提供的接口标准不同，用户数据不能在不同服务商之间迁移。为此，在英特尔、Sun和思科等公司的倡导下，云计算互操作论坛(Cloud Computing Interoperability Forum，CCIF)宣告成立，并致力于开发统一的云计算接口(unified cloud interface，UCI)，以实现"全球环境下，不同企业之间可利用云计算服务无缝协同工作"的目标。

2.核心服务层

云计算核心服务层通常可以分为三个子层，即基础设施即服务(IaaS)层、平台即服务(PaaS)层、软件即服务(SaaS)层。

(1)基础设施即服务(IaaS)层

IaaS提供硬件基础设施部署服务，为用户按需提供实体或虚拟的计算、存储、网络等资源。在使用IaaS层服务的过程中，用户需要向IaaS层服务提供商提供基础设施的配置信息，运行于基础设施的程序代码以及相关的用户数据。由于数据中心是IaaS层的基础，因此，近年来数据中心的管理和优化问题成为研究热点。另外，为了优化硬件资源的分配，IaaS层引入了虚拟化技术，借助Xen、KVM、VMware等虚拟化工具，数据中心可以提供可靠性高、可定制性强、规模可扩展的IaaS层服务。

(2)平台即服务(PaaS)层

PaaS是云计算应用程序运行环境,提供应用程序部署与管理服务。通过PaaS层的软件工具和开发语言,应用程序开发者只需上传程序代码和数据即可进行应用的开发或测试,而不必关注底层的硬件管理问题。由于目前互联网应用平台(如脸书、谷歌、淘宝等)的数据量日趋庞大,PaaS层应当充分考虑对海量数据的存储与处理能力,并利用有效的资源管理与调度策略提高处理效率。

通过PaaS这种模式,用户可以在一个提供包括软件开发工具包(software development kit,SDK)、文档、测试环境和部署环境等在内的开发平台上非常方便地编写程序和部署应用,而且不论是在部署还是在运行的时候,用户都无须为服务器、操作系统、网络和存储等资源的运维而操心,这些烦琐的工作都由PaaS云供应商负责。而且PaaS在整合率上的表现非常惊人,比如一台运行Google App Engine的服务器能够支撑成千上万的应用,也就是说,PaaS是非常经济的。它的主要用户是开发人员。

(3)软件即服务(SaaS)层

SaaS是基于云计算基础平台所开发的应用程序。企业可以通过租用SaaS层服务解决企业信息化问题,如企业通过Gmail建立属于该企业的电子邮件服务。该服务托管于谷歌的数据中心,企业不必考虑服务器的管理、维护问题。对于普通用户来讲,SaaS层服务将桌面应用程序迁移到互联网上,可实现应用程序的泛在访问。

2.1.4 服务管理层

服务管理层为核心服务层的可用性、可靠性和安全性提供保障。服务管理层包括服务质量(QoS)保证和安全管理等。

云计算需要提供可靠性高、可用性强、成本低的个性化服务。然而,云计算平台规模庞大且结构复杂,很难完全满足用户的QoS需求。为此,云计算服务提供商需要和用户协商,并制定服务等级协定(SLA),使得双方就服务质量的需求达成一致。当服务提供商提供的服务未能达到SLA的要求时,用户将得到补偿。

此外,数据的安全性一直是用户较为关心的问题。云计算数据中心采用的资源集中式管理方式使得云计算平台存在单点失效的问题,保存在数据中心的关键数据会因为突发事件(如地震、断电)、病毒入侵、黑客攻击而丢失或泄露。根据云计算服务的特点,研究云计算环境下的安全与隐私保护技术(如数据隔离、隐私保护、访问控制等)是保证云计算得以广泛应用的关键。

除了 QoS 保证、安全管理外,服务管理层还包括计费管理、资源监控等管理内容,这些管理措施对云计算的稳定运行同样起重要作用。

2.2　开源分布式云计算开发框架

2.2.1　Map Reduce

Map Reduce 是一种编程模型,用于大规模数据集(大于 1 TB)的并行运算。"Map(映射)"和"Reduce(归约)"是它们的主要思想,都借鉴了函数式编程语言和矢量编程语言的设计思想。它极大地方便了编程人员在不会分布式并行编程的情况下,将自己的程序运行在分布式系统上。当前的软件实现是指定一个 Map 函数,用来把一组键值对映射成一组新的键值对,然后通过指定的 Reduce 函数,用来保证所有映射的键值对都共享相同的键组。

1.Map Reduce 概述

Map Reduce 是面向大数据进行并行处理的计算平台、框架和模型与方法,它有以下三层含义。

①Map Reduce 是一个基于集群的高性能并行计算平台(cluster infrastructure)。它允许用市场上普通的商用服务器构成一个包含数十、数百甚至数千个节点的分布和并行计算集群。

②Map Reduce 是一个并行计算软件框架(software framework)。它提供了一个庞大且设计精良的并行计算软件框架,能自动完成计算任务的并行化处理,自动划分计算数据和计算任务,在集群节点上自动分配和执行任务并收集计算结果,将数据分布存储、数据通信、容错处理等并行计算涉及的很多系统底层的复杂细节交由系统负责处理,大大减轻了软件开发人员的负担。

③Map Reduce 是一个并行程序设计模型与方法。它借助函数式程序设计语言 LISP 的设计思想，提供了一种简便的并行程序设计方法，用 Map 和 Reduce 两个函数编程实现基本的并行计算任务，提供了抽象的操作和并行编程接口，以简单、方便地完成大规模数据的编程和计算处理。

2.Map Reduce 主要功能

(1)数据划分和计算任务调度

系统自动将一个作业(job)待处理的大数据划分为很多个数据块，每个数据块对应一个计算任务(task)，并自动调度计算节点来处理相应的数据块。作业和任务调度功能主要负责分配和调度计算节点(Map 节点或 Reduce 节点)，同时负责监控这些节点的执行状态，并负责 Map 节点执行的同步控制。

(2)数据/代码互定位

为了减少数据通信，数据处理时的一个基本原则是本地化数据处理，即一个计算节点尽可能处理其本地磁盘上所分布存储的数据，这实现了代码向数据的迁移；当无法进行这种本地化数据处理时，再寻找其他可用节点并将数据通过网络传送给该节点(数据向代码迁移)，但将尽可能从数据所在的本地机架上寻找可用节点以减少通信延迟。

(3)系统优化

为了减少数据通信开销，中间结果数据进入 Reduce 节点前会进行一定的合并处理；一个 Reduce 节点所处理的数据可能来自多个 Map 节点，为了避免在 Reduce 计算阶段处理不相关数据，Map 节点输出的中间结果需使用一定的策略进行适当的划分处理，以保证具有相关性的数据发送到同一个 Reduce 节点。此外，系统还进行一些计算性能优化处理，如对最慢的计算任务采用多备份执行、选最快完成者作为结果。

(4)出错检测和恢复

以低端商用服务器构成的大规模 MapReduce 计算集群中，节点硬件(主机、磁盘、内存等)出错和软件出错是常态，因此需要 MapReduce 能检测并隔离出错节点，并分配新的节点接管出错节点的计算任务。同时，系统还将维护数据存储的可靠性，用多备份冗余存储机制提高数据存储的可靠性，并能及时检测和恢复出错的数据。

2.2.2 Hadoop

1.Hadoop 概述

Hadoop 是 Apache 软件基金会旗下的一个开源分布式计算平台。以 Hadoop 分布式文件系统(Hadoop distributed file system，HDFS)和 Map Reduce(Google Map Reduce 的开源实现)为核心的 Hadoop 为用户提供了系统底层细节透明的分布式基础架构。HDFS 的高容错性、高伸缩性等优点允许用户将 Hadoop 部署在价格便宜的普通硬件上，形成分布式系统；Map Reduce 分布式编程模型允许用户在不了解分布式系统底层细节的情况下开发并行应用程序。所以，用户可以利用 Hadoop 轻松地组织计算机资源，从而搭建自己的分布式计算平台，并且可以充分利用集群的计算和存储能力，完成海量数据的处理。

Hadoop 中的 HDFS 具有高容错性，并且是基于 Java 语言开发的，这使得 Hadoop 可以部署在价格便宜、功能简单的计算机集群中，同时不限于某个操作系统。Hadoop 中 HDFS 的数据管理能力、Map Reduce 处理任务时的高效率以及它的开源特性，使其在同类分布式系统中大放异彩，并被广泛应用。

2.Hadoop 体系结构

HDFS 和 MapReduce 是 Hadoop 的两大核心。Hadoop 通过 HDFS 来实现分布式存储的底层支持，通过 MapReduce 来实现分布式并行任务处理的程序支持。

HDFS 采用了主从(Master/Slave)结构模型，一个 HDFS 集群是由一个 Name Node(名字节点)和若干个 Data Node(数据节点)组成的。其中，Name Node 作为主服务器，管理文件系统的命名空间和客户端对文件的访问操作；集群中的 Data Node 管理存储的数据。HDFS 允许以文件的形式存储数据。从内部来看，文件被分成若干个数据块，而且这若干个数据块存放在一组 Data Node 上。Name Node 执行文件系统的命名空间操作，比如打开、关闭、重命名文件或目录等，它也负责数据块到具体 Data Node 的映射。Data Node 负责处理文件系统客户端的文件读、写请求，并在 Name Node 的统一调度下进行数据块的创建、删除和复制工作。

Name Node 和 Data Node 都可以在普通商用计算机上运行。这些计算机通常运行的是 GNU/Linux 操作系统。HDFS 采用 Java 语言开发,因此任何支持 Java 的机器都可以部署 Name Node 和 Data Node。一个典型的部署场景是集群中的一台机器运行一个 Name Node 实例,其他机器分别运行一个 Data Node 实例。当然,并不排除一台机器运行多个 Data Node 实例的情况。集群中单一 Name Node 的设计大大简化了系统的架构。Name Node 是所有 HDFS 元数据的管理者,用户需要保存的数据不会经过 Name Node,而是直接流向存储数据的 Data Node。

3.Hadoop 数据管理

HDFS 是分布式计算的存储基石,定与其他分布式文件系统有很多类似的特性:对于整个集群有单一的命名空间;具有数据一致性,都适合一次写入多次读取的模型,客户端在文件被成功创建之前是无法看到文件存在的;文件会被分割成多个 Block,每个 Block 被分配存储到数据节点上,而且会根据配置由复制文件块来保证数据的安全性。

HDFS 通过三个重要的角色来进行文件系统的管理:Name Node、Data Node 和 Client。Name Node 可以看作分布式文件系统中的管理者,主要负责管理文件系统的命名空间、集群配置信息、存储块的复制等。Name Node 会将文件系统的 Metadata(元数据)存储在内存中,主要包括文件信息、每一个文件对应的 Block 的信息、每一个 Block 在 Data Node 中的信息等。Data Node 是文件存储的基本单元,它将 Block 存储在本地文件系统中,保存了所有 Block 的 Metadata,同时周期性地将所有存在的 Block 信息发送给 Name Node。Cilent 就是需要获取分布式文件系统文件的应用程序。

2.2.3 Spark

Spark 是基于内存计算的大数据并行计算框架。Spark 基于内存计算,提高了在大数据环境下数据处理的实时性,同时保证了高容错性和高可伸缩性,允许用户将 Spark 部署在大量便宜的硬件之上,形成集群。

Spark 2009 年诞生于加州大学伯克利分校 AMPLab,目前已经成为 Apache 软件基金会旗下的顶级开源项目。

1.Spark 与 Hadoop Map Reduce 相比的优势

Hadoop 体系中包含计算框架 Map Reduce 和分布式文件系统 HDFS,还包括在其生态系统上的其他系统,如 HBase、Hive 等。Spark 作为一个计算框架,是 Map Reduce 的替代方案,而且兼容 HDFS、Hive 等分布式存储层,可融入 Hadoop 的生态系统,以弥补 Map Reduce 的不足。

与 Hadoop Map Reduce 相比,Spark 的优势如下。

(1)无须输出中间结果

基于 Map Reduce 的计算引擎通常会将中间结果输出到磁盘上进行存储和容错。出于任务管道承接的考虑,当一些查询涉及 Map Reduce 任务时,往往会产生多个 Stage,而这些串联的 Stage 又依赖于底层文件系统(如 HDFS)来存储每一个 Stage 的输出结果。Spark 将执行模型抽象为通用的有向无环图(DAG)执行计划,这可以将多 Stage 的任务串联或者并行执行,而无须将 Stage 中间结果输出到 HDFS 中,类似的引擎还有 Dryad、Tez。

(2)减少数据存储过程中产生的处理开销

Map Reduce Schema on Read 处理方式会引起较大的处理开销,而 Spark 能够对分布式内存存储结构进一步抽象化,基于弹性分布式数据集(RDD)进行数据的存储。RDD 能支持粗粒读写操作,且对于读取操作,RDD 可以精确到每条记录,因此 RDD 可以用来作为分布式索引。Spark 的特征是能够控制数据在不同节点上的分区,用户可以自定义分区策略,如 Hash 分区等。Shark 和 Spark SQL 在 Spark 的基础上实现了列存储和列存储压缩。

(3)提高 Shuffle 运行效率

Map Reduce 在数据 Shuffle 之前花费了大量的时间来排序,Spark 则可减少上述问题带来的处理开销。因为 Spark 任务在 Shuffle 中不是所有情景都需要排序,所以它支持基于 Hash 的分布式聚合,调度中采用更为通用的任务执行计划图(DAG),将每一轮次的输出结果缓存在内存中。

(4)加速任务调度过程

传统的Map Reduce系统，如Hadoop，是为了运行长达数小时的批量作业而设计的，在某些极端情况下，提交一个任务的延迟非常高。Spark采用了事件驱动的类库Akka来启动任务，通过线程池中线程的复用来避免进程或线程的启动和切换开销。

2.Spark生态系统

目前，Spark已经发展成包含众多子项目的大数据计算平台。加州大学伯克利分校将Spark的整个生态系统称为伯克利数据分析栈(BDAS)。其核心框架是Spark，同时BDAS涵盖支持结构化数据SQL查询与分析的查询引擎Spark SQL和Shark，提供机器学习功能的系统MLBase及底层的分布式机器学习库MLlib、并行图计算框架GraphX、流计算框架Spark Streaming、采样近似计算查询引擎BlinkDB、内存分布式文件系统Tachyon、资源管理框架Mesos等子项目。这些子项目在Spark上层提供了更高层、更丰富的计算范式。

下面对BDAS的结构进行更详细的介绍。

①Spark是整个BDAS的核心组件，是一个大数据分布式编程框架，不仅实现了Map Reduce的算子Map函数和Reduce函数及计算模型，还提供更为丰富的算子，如filter、join、group ByKey等。Spark将分布式数据抽象为弹性分布式数据集(RDD)，实现了应用任务调度、RPC、序列化和压缩，并为运行在其上的上层组件提供API。其底层采用Scala这种函数式语言书写而成，并且所提供的API深度借鉴Scala函数式的编程思想，提供与Scala类似的编程接口。

Spark将数据在分布式环境下分区，然后将作业转化为有向无环图(DAG)，并分阶段进行DAG的调度和任务的分布式并行处理。

②Shark是构建在Spark和Hive基础之上的数据仓库。目前，Shark已经完成学术使命，终止开发，但其架构和原理仍具有借鉴意义。它提供了能够查询Hive中所存储数据的一套SQL接口，兼容现有的HiveQL语法。这样，熟悉HiveQL或者SQL的用户可以基于Shark进行快速的Ad-Hoc、Reporting等类型的SQL查询。Shark底层复用Hive的解析器、优化器以及元数据存储和序列化接口。Shark可将HiveQL

编译转化为一组 Spark 任务，进行分布式运算。

③Spark SQL 提供在大数据上的 SQL 查询功能，类似 Shark 在整个生态系统的角色，它们可以统称为 SQL on Spark。Shark 的查询编译和优化器依赖 Hive，给 Shark 的优化和维护带来了巨大的挑战，而 Spark SQL 使用 Catalyst 做查询解析和优化器，并在底层使用 Spark 作为执行引擎构建 SQL 的运行环境。用户可以在 Spark 上直接书写 SQL，相当于为 Spark 扩充了一套 SQL 算子，这无疑更加丰富了 Spark 的算子和功能。同时，Spark SQL 不断兼容不同的持久化存储（如 HDFS、Hive 等），为其发展奠定了广阔的空间。

④Spark Streaming 通过将流数据按指定时间片段累积为 RDD，然后将每个 RDD 进行批处理，进而实现大规模的流数据处理。其吞吐量能够超越现有主流流处理框架 Storm，并提供丰富的 API 用于流数据计算。

⑤Graph X 是基于 BSP 的模型，它在 Spark 之上封装类似 Pregel 的接口，进行大规模同步全局的图计算。尤其当用户进行多轮迭代时，其基于 Spark 内存计算的优势尤为明显。

⑥Tachyon 是一个分布式内存文件系统，可以理解为内存中的 HDFS。为了提供更高的性能，不在 Java 堆内存（Heap）中存储数据。用户可以基于 Tachyon 实现 RDD 或者文件的跨应用共享，并提供高容错机制，保证数据的可靠性。

⑦Mesos 是一个资源管理框架，提供类似于 YARN 的功能。用户可以在其中插件式地运行 Spark、MapReduce、Tez 等计算框架的任务。Mesos 会对资源和任务进行隔离，并实现高效的资源任务调度。

⑧Blink DB 是一个针对海量数据进行交互式 SQL 的近似查询引擎。它允许用户通过在查询准确性和查询响应时间之间做出权衡，完成近似查询。其数据的精度被控制在允许的误差范围内。为了达到这个目标，Blink DB 的核心思想是，通过一个自适应优化框架，随着时间的推移，从原始数据建立并维护一组多维样本；通过一个动态样本选择策略，选择一个适当大小的示例，然后基于查询的准确性和响应时间满足用户查询需求。

第3章　云管理、云安全和云运营

云管理软件提供了故障(Fault)、配置(Configuration)、计费(Accounting)、性能(Performance)、安全性(Security)管理能力,合称为FCAPS。许多产品解决了这些领域中一个或多个问题,而且可以通过网络架构访问所有这5个领域。框架产品被重新定位以对云系统起作用。管理职责取决于云部署特定的服务模型。云管理不仅包括管理云资源,还包括管理内部资源。云资源的管理要求用新的技术,而内部资源的管理允许供应商使用已被广为接受的网络管理技术。云安全(Cloudsecurity),是指基于云计算商业模式应用的安全软件、硬件、用户、机构、安全云平台的总称。“云安全”是继“云计算”“云存储”之后出现的“云”技术的重要应用,是传统IT领域安全概念在云计算时代的延伸,是“云计算”技术的重要分支,已经在反病毒领域当中获得了广泛应用。云运营(CloudOps)是管理在云环境中运行的工作负载和IT服务的交付、调整、优化和性能的实践,包括多云、混合、数据中心和边缘。云运营严重依赖分析来增强云环境元素的可见性,提供控制资源和有效运行服务所需的洞察力。对于一些组织来说,随着IT运营从本地转移到基于云的基础架构,CloudOps已经取代了网络运营中心(NOC)。正如NOC监控和管理数据中心一样,CloudOps监控、检测和管理在云中运行的虚拟机、容器和工作负载。开发人员、IT运营和安全都使用CloudOps原则进行协作,以实现业务和技术目标

3.1　云管理

传统的网络管理系统具有管理和配置资源、实施安全保护、监控操作、优化性能、策略管理、执行维护、提供资源等功能。

常常用FCAPS来描述管理系统,FCAPS代表故障、配置、计费、性能、安全性,大多数网络管理分组具有FCAPS中的一个或多个特征,单个分组无法提供FCAPS的所有功能。BMC云计算、计算机协会云解决

方案、HP云计算、IBM云计算、微软云服务等5个云管理产品供应商的网络管理线，被计算机协会定位为IT管理软件即服务。

IBM Tivoli服务自动化管理器（Service Automation Manager，SAM）是一种用于管理云基础设施的框架工具。

3.1.1　云管理的功能

云管理将网络和云计算分组分离管理，需要具备即用即付为基础的计费、可扩展的管理服务、普遍存在的管理服务、云与其他系统之间的通信使用云联网标准等云特性。

云管理包含两个方面：管理云资源和利用“云”来管理内部资源。

1.管理云资源

当从客户端/服务器或三层架构等传统网络模型迁移到云计算架构时，许多进程的管理任务在“云”里变得不相关或几乎不可能进行，用来有效管理不同类型资源的工具落在了自己的范围之外。在“云”里，正在使用的特定服务模型直接影响监控类型。

Amazon Web服务或Rack Space服务供应商，可以通过本身的监控工具（如Amazon Cloud Watch或Rack Space控制面板），或通过几个对这些站点的API作用的第三方工具来监控资源使用率。在IaaS中，可以在部署方面进行改变，如正在运行的机器实例的数量或所具备的存储量，但是对许多重要操作的控制非常受限，如网络带宽受部署的实例类型的限制。技术可以提供更多带宽，却不能控制网络流量流入或流出系统的方式，是否存在分组优先级，路由选择的方式，以及其他重要特性。

如果先迁移到PaaS（如Windows Azure、Google App引擎），再迁移到SaaS（如Sales-force.com），将受到更多的限制。当部署关于Google的PaaS App引擎云服务的应用时，管理主控台提供以下监控能力：

①创建新的应用，并在域中对其进行设置；

②邀请其他人员参与开发应用；

③检查数据和错误日志；

④分析网络流量；

⑤浏览应用库，并管理其指标；

⑥检查安排好的应用任务；

⑦测试应用程序,更换版本。

控制是不可操作的。Google App 引擎部署并监控应用,所有对设备、网络和平台其他方面的管理都由 Google 来进行。

2.利用“云”管理内部资源

从客户的角度看,云服务提供商可以采用全面的网络管理能力解决移动设备、台式机和本地服务器的问题。相同的工具包可以用来测评。

例如,微软系统中心调整管理产品以适应“云”。系统中心提供用于管理 Windows 服务器和台式机的工具。管理服务包括操作管理器、Windows 服务更新服务、资产管理配置管理器、数据保护管理器和虚拟机管理器等。这些服务集中于系统中心的在线桌面管理器中。

从客户的角度出发,服务在“云”里和数据中心的一组服务器上,差别不大。对于负责管理台式机或移动设备的组织来说,云管理服务的优势比较明显。

3.1.2 云服务的生命周期管理

云服务将其生命周期分为 6 个阶段,每个阶段完成不同的任务,以便对其进行管理。

①将服务定义成模板,用于创建实例,执行的任务包括创建、更新和删除服务模板。

②客户与服务进行交互,通常通过服务等级协议(Service Level Agrement,SLA)合同执行管理客户关系、创建和管理服务合同的任务。

③向“云”部署实例,并在实例运行时进行管理,执行创建、更新和删除服务产品的任务。

④定义运行中的服务属性及服务性能的修改,执行服务优化和客户化的任务。

⑤管理实例运行并进行运行维护。在这一阶段中必须监控资源,跟踪和响应事件,并执行上报和计费功能。

⑥服务引退:生命末端任务包括数据保护、系统迁移、归档和服务合同终止。

3.1.3 云管理产品

大多数云管理产品提供的核心管理特征包括以下内容。

①支持不同的云类型。

②创建和供应不同类型的云资源，如机器实例、存储器或分期的应用。

③性能上报，包括可用性和正常运行时间、响应时间、资源配额使用等特性。

④创建可以根据客户的特定需求进行定制的面板。

3.1.4　云管理标准

不同的云服务提供商使用不同的技术创建和管理云资源，系统之间的互操作性差。为了解决这一问题，VMware、IBM、微软、Citrix 和 HP 等大型企业合作创建了可以用来促进云互操作性的标准。

1.DMTF

分布式管理任务组(Distributed Management Tast Force，DMTF)是开发平台互操作的行业系统管理标准的行业组织，1992 年成立，负责制订了公共信息模型(City Information Modeling，CIM)。

虚拟化管理计划(VMAN)标准将 CIM 扩展到虚拟计算机系统管理，创建了开发虚拟化格式(Open Virtual Format，OVF)。OVF 描述了用于创建、封装并供应虚拟装置的标准方法，是一种容器和文件格式，这种文件格式是开放的且管理程序和处理程序架构是不可知的。OVF 在 2009 年发布，VirtualBox、AbiCloud、IBM、Red Hat 和 VMware 等供应商都推出了使用 OVF 的产品。

DMTF 致力于虚拟化，以解决云计算中的管理问题，创建了开放云标准研究组(Open Cloud Standards Incubator，OCSI)来协助开发互操作标准，用来管理公共云、私有云和混合云系统之间的交互以及系统内部的交互。这个小组的焦点在于描述资源管理和安全协议、封装方法和网络管理技术。

2.Cloud Commons 和 SMI

CA Cloud 的云连接管理套件有 Insight、Compose、Optimize、Orchestrate，其中，Insight 用于云度量测评服务，Compose 用于部署服务，

Optimize 用于云优化服务，Orchestrate 用于基于工作流程控制和策略的自动化服务。

(1)Cloud Commons

Cloud Commons 构建了 Cloud Sensor 面板，实时对云服务进行性能监控，对以下性能进行测评：

①创建和删除 Rack Space 文件；

②基于 Google Gmail、Windows Live Hotmail 和 Yahoo Mail 的电子邮件可用性(系统正常运行时间)；

③在 4 个 AWS 站点上的 Amazon Web 服务器的创建或破坏次数；

④AWS Amazon、Google App 状态、Rack Space 云和 Saleforce 的面板响应次数；

⑤Windows Azure 存储基准；

⑥Windows Azure SQL 基准。

这些度量是以衍生于实际事务的实时数据为基础的。

(2)SMI

服务测评指标(Service Measurement Index，SMI)以一组形成 SMI 框架的测评技术为基础，CA 向 SMI 联盟捐献了该 SMI 框架。该指标对基于"云"的服务进行灵活性、性能、成本、质量、风险和安全性的测评，从而形成一组关键性能指标(Key Performance Indicator，KPI)，用来在服务之间进行对比。

3.2 云安全

3.2.1 传统的信息安全体系

传统的信息安全体系通过制订一套适当的管理制度、部署必要的技术措施，来实现信息安全目标要求，形成组织制度、人员、技术三维的防护体系。

在组织制度层面强化安全管理，如为防止数据损坏，建立定期数据备份和检查制度，进行第三方安全审计。

在人员安全方面，对能够接触系统的相关人员采取一定的安全保障措施，如与外聘人员签署保密协议等。

从技术层面保障系统安全，如病毒导致数据丢失，要安装病毒查杀软件；设备故障会导致系统宕机，要考虑业务连续性问题。

技术层面的信息安全防护模型包括数据、软件、硬件、网络和环境等5个方面。数据是系统的核心，硬件通过软件存取数据，外层是网络通道，这一切会受到外界环境的影响，机房环境会影响硬件的运行性能和稳定性，网络环境则决定通道的安全性。

3.2.2　SaaS 系统“5＋5”安全体系

SaaS 系统安全体系从技术和非技术方面进行规划。与传统信息安全模型相比，在非技术方面，SaaS 系统增加了商业信誉和诚信、安全法律和相关规范、安全体系认证、ITIL 运维 SLA 等安全问题。

SaaS 系统采用“5＋5”安全体系，包括非技术方面 5 个层次的安全和技术方面 5 个层次的安全，利用该模型可以全面地构建 SaaS 系统的安全策略。

安全领域的技术是手段，非技术是约束，二者相辅相成。

1.技术安全

SaaS 系统安全的技术与传统系统相比，在数据、软件、硬件、网络、环境等方面需要更为强化的安全措施。

2.非技术安全

对于 SaaS 系统安全的非技术方面，服务商提供需要对 Multi-Tenant 做安全方面的服务承诺，如对用户数据的保留期限、出现故障的恢复时间、对用户数据的保密性要求等，具体将落实在系统运维管理的 SLA 协议当中。

SaaS 系统还要遵循一些安全方面的法律和规范，加强组织内部的安全管理制度建设和人员管理，约束商业信誉和诚信。

(1)安全法律法规

SaaS 系统安全体系涉及的国家安全相关法律法规和标准规范如下。

①2008 年 6 月 28 日，财政部、证监会、审计署、银保监会联合发布了《企业内部控制基本规范》，被称为中国版的塞班斯法案。该规范第 41 条规定，企业应当加强网络安全等方面的控制，保证信息系统安全稳定运行。

②个人信息保护法依据《中华人民共和国刑法修正案》，对非法获取公民个人信息犯罪嫌疑人有了明确的判罚，打击比较严重的公民信息泄露、买卖的行为，而《中华人民共和国个人信息保护法》是一部专门针对个人信息进行保护的法律，从民事的角度出发，能更好、更全面地保护个人信息。

③《中华人民共和国电子签名法》于2004年8月28日由全国人民代表大会常务委员会通过并颁发，规定了电子认证服务须经许可，内容包括电子签名人及其依赖方各自的责任、过错赔偿等。

④《商用密码管理条例》规定了国家专控商用密码的科研、生产、销售和使用，科研、生产须指定且获得定点证书等。

⑤国家保密局相关法规《电子认证服务密码管理办法》。

(2)安全标准规范

安全标准规范包括等级保护相关规范、ISO27001、国家保密局相关规范。

①等级保护相关规范：信息安全等级保护对国家秘密信息、法人和其他组织及公民的专有信息以及公开信息和存储、传输、处理这些信息的信息系统分等级实行安全保护，对信息系统中使用的信息安全产品按等级实行管理，对信息系统中发生的信息安全事件分等级响应、处置。

安全规范有《计算机信息系统安全保护等级划分准则》《信息安全等级保护实施指南》《信息安全等级保护定级指南》《信息安全等级保护基本要求》《信息安全等级保护测评准则》。

根据信息系统的重要性，以及信息系统遭到破坏后对国家安全、社会稳定、人民群众合法权益的危害程度为依据，可以将信息系统的安全等级分为5级，如表3-2所示。

表3-2 信息系统的安全等级

等级	描述
第1级	信息系统受到破坏后，会对公民、法人和其他组织的合法权益造成损害，但不损害国家安全、社会秩序和公共利益
第2级	信息系统受到破坏后，会对公民、法人和其他组织的合法权益产生严重损害，或者对社会秩序和公共利益造成损害，但不损害国家安全

（续表）

等级	描　　述
第 3 级	信息系统受到破坏后，会对社会秩序和公共利益造成严重损害，或者对国家安全造成损害
第 4 级	信息系统受到破坏后，会对社会秩序和公共利益造成特别严重损害，或者对国家安全造成严重损害
第 5 级	信息系统受到破坏后，会对国家安全造成特别严重的损害

信息系统的安全保护等级由两个要素决定：等级保护对象受到破坏时所侵害的客体以及对客体造成侵害的程度。等级保护对象受到破坏时所侵害的客体包括以下 3 个方面：公民、法人和其他组织的合法权益；社会秩序、公共利益；国家安全。

②BS7799 标准。ISO/IEC17799：2005 通过层次结构化形式，替换为以下内容：BS 7799（ISO/IEC17799）即国际信息安全管理标准体系，通过层次结构化形式，提供以下安全管理要素：提供以下安全管理要素：A.安全方针为信息安全提供管理指导。B.安全组织建立管理组织，明确职权。C.资产分类与控制核查信息资产，以便分类保护。D.人员安全明确职责，做好培训，掌握安全事故的响应流程。E.物理与环境定义安全区域，避免对场所内的影响。F.通信与运营。G.访问控制。H.开发与维护。I.信息安全事故管理。J.业务持续性。K.法律符合性。

③国家保密局相关规范：《数字证书认证系统密码协议规范》《数字证书认证系统检测规范》《证书认证密钥管理系统检测规范》《证书认证系统密码及其相关安全技术规范》《智能 IC 卡及智能密码钥匙密码应用接口规范》《IPSec VPN 技术规范》《SSLVPN 技术规范》《可信计算密码支撑平台功能与接口规范》。

3.3　云运营

3.3.1　SaaS 业务系统

1.SaaS 业务生态系统

由于专业分工和市场的地理划分，SaaS 服务由众多角色组成的生态系统来提供。理解 SaaS 生态系统的角色及其发挥的功能，有助于找到从 SaaS 服务的提供方到客户方整个价值供应链上的问题，对服务进行更好的打包和模块化。

SaaS 业务生态系统由基础设施服务提供商、软件平台服务提供商、SaaS 独立软件服务提供商、行业 SaaS 软件服务提供商、销售渠道合作伙伴、咨询服务提供商、SaaS 服务集成商和用户组成。

①基础设施服务提供商：基础设施即服务提供商，为用户提供服务器、存储等基础设施资源，该市场参与者主要是电信云计算中心。

②软件平台服务提供商：平台即服务提供商，提供技术平台和应用平台。

③SaaS 独立软件服务提供商：提供能够解决客户问题或满足客户需求的应用。

④行业 SaaS 软件服务提供商：中小型企业所处的细分行业需求和本地化需求，只能由垂直行业软件开发商来支持，垂直行业软件开发商需要 SaaS 独立软件提供商的技术支持和市场支持。

⑤销售渠道合作伙伴：把 SaaS 独立软件提供商的解决方案介绍到二级、三级，甚至更小的城市。

⑥咨询服务提供商：SaaS 独立软件提供商的增值业务销售代理。

⑦SaaS 服务集成商：由某些经济联合体在政府支持下和当地的电信运营商合作设立，往往提供很多种类的 SaaS 服务。

⑧用户：整个 SaaS 生态系统中购买服务的主体。

2.SaaS 应用的特点

SaaS 应用软件与传统的预制型和永久授权模式的软件相比有着自身的特点。SaaS 应用具有标准性、灵活性和开放性。

(1)标准性

SaaS 的标准性体现在其技术架构、服务管理和系统设计的标准化。

①技术架构标准化：在 SaaS 软件的开发方面，ISO 组织制定了 SOA 架构标准，绝大多数管理应用型 SaaS 软件开发商都遵照标准。研发并采用标准有利于实现互连、互通和互操作。

②服务管理标准化：在 SaaS 运营的面向客户的专业服务提供上，只

有为咨询、培训、客户售后支持等服务建立标准体系，才能解决 SaaS 运营中存在的问题，从而降低服务成本，提高服务质量，扩大服务提供能力。

③系统设计标准化：外部标准让 SaaS 生态系统能够相互服务，赢得客户的信任。SaaS 服务的运营商需要在企业内部建立完善的标准体系。例如，当客户服务专员接到第 1 个客户的咨询电话时，能够热情全面地提供回答。只有建立完善的培训和管理考核标准体系，客户服务专员才能在接到第 100 个客户咨询电话、询问几乎完全相同的问题时，仍然能够热情全面地提供标准的回答。

(2)SaaS 的灵活性

SaaS 灵活性是指 SaaS 应用解决方案能够进行配置、扩展和个性化设置，来适应客户的(包括客户公司的每个最终用户)特殊需求。

尽管 SaaS 运营商试图把标准的解决方案提供给客户，但复杂的管理型 SaaS 软件按照客户的使用习惯、行业特点、个人风格、已经使用的其他外部系统等，要求 SaaS 应用解决方案服务提供个性化方案。中型企业愿意为此支付溢价，SaaS 运营商可以获得更高的业务利润率。小型企业客户的购买能力，会限制其个性化的需求，接受 SaaS 运营商和咨询服务商提供的标准解决方案，或改变既有的习惯来适应 SaaS 运营商和咨询服务商提供的解决方案。

SaaS 的标准性能够降低客户服务的成本，灵活性则能够让 SaaS 运营商收获溢价的利润空间。当然，要注意客户的选择。对于有购买瓶颈的小型企业，SaaS 服务商可以强调标准化服务。对于愿意支付溢价的中型企业，SaaS 服务商要有 SaaS 产品能力和服务能力的灵活性。

(3)SaaS 的开放性

SaaS 软件提供商能够让更多的第三方加入其生态系统中。SaaS 开放的产品服务模式，使许多厂商提供专业的免费版或试用服务，以真实的产品体验来巩固用户对于 SaaS 产品的信赖，最大限度地增加产品的透明度；同时，开放性的竞争市场，不仅有助于用户在低成本的情况下做出最优的服务选择，也有助于促进 SaaS 服务提供商不断提升服务质量，提供充足的开放性技术和服务支持平台，确保与第三方长久稳固的合作关系。

在技术方面,开发平台有众多使用者(软件企业通过 SaaS 平台发布供众多用户使用并付费),SaaS 软件提供商提供许多封装的 Service、API(方便用户调用和集成),充分支持第三方。

在营销方面,SaaS 的开放性能够分享品牌资源(合作伙伴)和渠道资源(一对多)。

3.3.2 SaaS 客户管理

1.获得客户

SaaS 依靠 IT 来解决客户业务问题。客户和服务提供商存在双向的知识和信息的不对称问题:行业特征、业务流程特点、管理需求是客户的信息强项,IT 知识、SaaS 解决方案、实施项目管理则是 SaaS 服务提供商的信息强项,客户对于采纳一套新的 SaaS 业务管理系统往往存在顾虑,如服务价格是否合理、同质化的解决方案存在价格区别的原因、服务提供商是否明白客户的需求、客户应该如何使用系统等。

由于 SaaS 服务提供商和客户的信息不对称性,并且双方在最初的业务接触中常常存在问题,因此当客户的需求未被理解、顾虑未被打消时,双方的合作进展是缓慢的,会导致服务购买方和提供方的成本上升。

SaaS 业务面向大批量客户管理,导致松弛的客户管理。

发布在 Internet 上的 SaaS 服务提供商的产品介绍、服务目录、申请系统体验等消息,可能被成千上万的个人、中小企业等潜在客户试用。采集客户信息、分辨真实客户是 SaaS 服务提供商面向大批量客户管理的基本要求。由于面向大批量潜在的 SaaS 客户,而 SaaS 服务提供商的销售和销售支持团队资源是有限的,客户和客户代表之间的沟通初期甚至中期都是远程的、非密切的。有效的客户管理能够利用专业的内部管理系统和管理工具让客户的体验仍然是紧密的、及时的。

2.管理潜在客户

在 SaaS 业务中,要建立全方位的客户服务模式、客户关系管理系统、多个知识库和内外部协同平台,高效管理客户。

(1)建立全方位的客户服务模式

在 SaaS 服务运营中建立全方位的客户服务模式,就是让技术团队、咨询服务团队融入客户的销售支持中。当客户讲述业务问题时可以从专业的咨询服务团队中得到解决方案，才能在采集客户信息、分辨真实客户时，即 SaaS 服务提供商面向大批量的潜在客户时，进行有效客户的甄别和管理。客户代表在与客户的接触过程中是主导者，但是完全靠客户代表来完成客户的沟通，并不能有效管理客户。

SaaS 业务的客户管理与销售活动不是单纯的销售活动，而是全方位的客户服务模式的替代，SaaS 业务的销售只是客户体验中的一个环节和体验结果。

销售部门和售前支持部门作为客户管理的前端部门，关注的是购买意向已经比较成熟的，值得客户代表给予直接的、密切的支持的客户。而另一个前端部门电话销售中心关注的是还没有明显购买意向的潜在客户。前端部门能够解答客户在商务、合同、产品基本介绍方面的问题，而服务、产品技术问题则需要后端部门的支持。

合同管理部门、技术服务部门、咨询服务部门等客户后端管理部门，可以关注客户在网上提交的问题，也可以根据前端部门的需求到客户现场解答相关问题。

(2)建立客户关系管理系统

客户关系管理(Customer Relationship Management，CRM)系统是 SaaS 服务提供商的内部管理系统。客户资料、销售过程跟踪、客户接触过程中关键问题的采集等信息，都可以在这个系统中进行管理。例如，客户在销售过程中已经开始自助地申请测试系统，那么 SaaS 服务提供商的后端销售支持部门，就可以通过主动呼出询问客户是否需要额外的支持。

CRM 系统能记录客户与服务提供商的活动，从而识别客户是早期客户还是需要被关注的中期客户，并且提供给客户代表相应的销售建议活动列表，如做主动呼出、产品介绍和演示、报价、合同准备等。

工具类的 SaaS 业务运营一般只需要提供标准的服务目录、服务报价、合同条款、支付等，CRM 系统可以通过客户自助服务来采集数据。

对于管理型的 SaaS 业务运营，CRM 系统要配合客户代表的业务记录、服务代表的支持记录等完成数据采集。客户递交测试系统的使用申请内容。到后台 CRM 系统中,SAP 的后台 CRM 系统采集客户递交的信息,从而有效地安排前端销售部门和后端服务部门对客户进行后续的销售机会跟踪和服务管理。

(3)建立多个知识库和内外部协同平台

知识库和内外部协同平台能够让客户自主地获得标准化的解决方案介绍、客户使用支持、学习培训课程、服务目录、合同条款等服务。当客户对 SaaS 服务提供商的产品和服务感兴趣时,可以自主浏览相应的内容及问题解答,有利于降低 SaaS 服务提供商的成本,提高客户的服务体验。

3.留住客户

在传统的软件预制型和永久授权模式下,客户支出的初始购买成本不菲,加上实施过程中的费用,总成本非常昂贵。虽然,对于客户来说这些都是其在系统上线之后的沉没成本,纯粹理性的客户不应该以沉没成本来影响未来的采购行为,但是,实际上这种沉没成本在影响或抑制着客户采购新系统,而使许多客户继续使用原来的软件供应商提供的产品或服务。

SaaS 业务的收费是月租式的,降低了客户采用 SaaS 的沉没成本,理论上为零,客户在选择新的服务供应商上获得更大的自由度。这对 SaaS 服务供应商是一种挑战,但也是机会。

在 SaaS 运营中,可以通过以下策略赢得客户的忠诚度。

(1)与客户共同成长、持续满足客户新的业务需求

成长的客户对于业务管理支持系统总是需要新的解决方案。变化的商业环境也给予 SaaS 服务提供商创新空间,不断推陈出新,提供许多新的解决问题的工具。如果 SaaS 服务提供商能够让客户将更多的管理数据迁移到其 SaaS 平台上,让更多的客户流程运行在其 SaaS 平台上,并且基于这些数据和流程提供增值业务,那么,客户对 SaaS 的依赖性更高。

对中小型企业而言,SaaS 服务提供商可以推出更多的标准管理应用解决方案,并发布在其服务目录中,让客户选择;对于大中型企业客户,

SaaS 服务提供商可以根据其软件开发平台的灵活性进行客户化开发，如把客户采购的 SaaS 应用与第三方支付平台集成。

(2)建立分享型社区

服务提供商在提供解决方案的同时，应建立分享型的网上社区，使客户获得超越使用 SaaS 服务的产品功能型满足。

分享型的社区可以是网上的，如某些管理专题的动态社区讨论，提供人力资源 SaaS 解决方案的服务提供商可以建立讨论社保法规和操作、个人所得税的政策解读和操作等专题论坛。

分享型的社区也可以是网下的，如定期举办新解决方案的培训和使用讨论会、企业管理知识培训、成功客户的参观和交流等。

(3)提供具有特色的内容

提供对客户有价值的内容，也是增加客户忠诚度的有效方法。面向个人的 SaaS 应用的内容可以是新闻、娱乐等；工具类的 SaaS 应用的内容文档管理，内容可以是文档模板、制作素材等；管理类的 SaaS 应用内容可以是最佳业务实践，如企业管理软件预配置的企业对外报表集合，符合行业特点的预配置业务流程等。

3.3.3 SaaS 运营的营销

SAP 是商务软件解决方案提供商，提供商务软件解决方案和咨询服务。SAP Business ByDesign 是 SAP 推出的涵盖整个企业端到端流程的 SaaS 产品，利用三步式体验营销，为客户提供软件租用服务。

SAP 的三步式体验营销包括探究、评估、体验。SAP 在满足企业系统需要的同时，引导用户“主动”了解 ByDtsign，营造自主性选择与购买的、全新的、企业信息系统的营销模式。

体验式营销在营造优质可靠的产品“体验”的同时，让用户使用真实的产品，初步感受“产品＋专家服务”的全方位用户服务。SaaS 提供给用户“先享用，再付费”的销售模式，增加了产品透明度，保证了产品质量。该销售模式的巨大优势体现在沟通和情感两个方面。

SaaS 模式的出现，将软件的设计权利，特别是业务逻辑的设计及管理软件的选择，更多地交由熟悉业务的客户来完成，并从旁给予标准化业务流程和操作使用上的协助。软件制造商在建立完善的客户管理系统、提供优质的技术支持的同时，可以直接接触用户，增加有效的沟通，积累用户在软件咨询中传递的知识，弥补传统信息系统设计和实施期间信息不对称的缺陷。

SaaS 的体验式营销，在用户确定购买该系统之前便可试用，并且可以获得软件制造商提供的专业的技术服务支持，在客户和供应商之间建立长久的、稳定的合作关系。用户经过广泛的产品筛选，选出产品质量、价格定位均适合自己的优质产品，这个过程加强了用户对于产品的信任，试用策略更避免了客户预期和产品之间的差异给合作带来的负面影响。

SaaS 运营商可以通过如下方法建立体验式营销：

①提供全面的客户服务；

②从寻找解决方案到完成购买全程支持客户；

③建立简易、完善的客户引导；

④建立强大的呼叫中心；

⑤内部具有完善的 CRM 软件。

第4章　大数据分析技术

算法，尤其是机器学习算法的兴起，给大数据的处理提供了更多的可能。本章主要介绍大数据分析过程中应用到的具体技术，包括各类算法的概念及细节，分为大数据挖掘与分析技术和其他数据分析与应用技术。

4.1　大数据挖掘与分析技术

大数据挖掘与分析，通常指通过算法搜索隐藏于大数据中的信息的过程。一般地，大数据的挖掘与分析利用计算机，通过统计、在线分析处理、情报检索、机器学习、专家系统和模式识别等诸多方法来实现隐藏数据的挖掘。

4.1.1　数据分类与预测技术

数据挖掘与分析中，分类和预测是重要的应用方向。分类和预测是两种使用数据进行预测的方式，可用于预测未来的结果。分类用于预测离散类别的数据对象，数据的属性值是离散的、无序的。预测则用于预测连续取值的数据对象，数据的属性值是连续的、有序的。以下通过决策树、梯度提升、XG-Boost，介绍数据分类和预测技术的具体用法。

1.决策树算法

决策树及其变种是一类将输入空间分成不同的区域，每个区域有独立参数的算法。决策树分类算法是一种基于实例的归纳学习方法，它能从给定的无序的训练样本中，提炼出树型的分类模型。树中的每个非叶子节点记录了使用哪个特征来进行类别的判断，每个叶子节点则代表了最后判断的类别。根节点到每个叶子节点均形成一条分类的路径规则。而对新的样本进行测试时，只需要从根节点开始，在每个分支节点进行测试，沿着相应的分支递归地进入子树再测试，一直到达叶子节点，该叶子节点所代表的类别即是当前测试样本的预测类别。

为了实现“任务—装备系统”的关联，直接从使命任务推荐与其相关的装备系统，如防御目的预警与监视，则可以直接推荐“预警卫星、地面接收站、预警中心”。为了构建决策树，以使命任务—能力指标—装备系统作为树的节点，以其所包含的特征作为分类依据，可采用信息增益、信息增益率、基尼指数等作为选取节点的计算依据，以此生成决策树—ID3决策树(iterative dichotmizer 3)算法以信息增益作为叶子结点选取标准，C4.5 决策树以信息增益率为叶节点选取标准，CART 决策树(classification and regression tree)以基尼指数为叶节点选取标准。且历史体系结构模型数据样本量越大，通过使命任务获得装备系统的结构越准确。其中信息增益 $\mathrm{Gain}(D,a)$、信息增益率 $\mathrm{Gain\_ratio}(D,a)$、基尼指数 Gini(D)的计算公式如下：

信息增益定义为：

$$\mathrm{Gain}(D,a)=\mathrm{Ent}(D)-\sum_{v=1}^{V}\frac{|D^v|}{|D|}\mathrm{Ent}(D^v) \tag{4-1}$$

式中，D 为样本集总量，D^v 为使用特征 a 对样本集进行划分时第 v 个分支结点，包含了 D 中所有在属性 a 上取值为 av 的样本。

信息增益率定义为：

$$\mathrm{Gain\_ratio}(D,a)=\frac{\mathrm{Gain}(D,a)}{\mathrm{IV}(a)} \tag{4-2}$$

式中

$$\mathrm{IV}(a)=-\sum_{v=1}^{V}\frac{|D^v|}{|D|}\log_2\frac{|D^v|}{|D|} \tag{4-3}$$

基尼指数定义为：

$$\mathrm{Gini}(D)=\sum_{k=1}^{|y|}\sum_{k'\neq k}p_k p_{k'} \tag{4-4}$$

属性 a 的基尼指数定义为：

$$\mathrm{Gini}(D)\_\mathrm{index}(D,a)=\sum_{v=1}^{V}\frac{|D^v|}{|D|}\mathrm{Gini}(D^v) \tag{4-5}$$

决策树算法的基本流程如下：

①将构成样本的所有特定类别属性和所有的特定参数组成属性集作为根节点。

②对数据库中的所有样本进行处理，划分为训练集和测试集。

③由根节点开始，通过信息增益准则、信息增益率准则或者基尼指数准则来确定最优划分属性，根据训练集的样本数据生成初始决策树。其中，各个属性划分为根节点以及各个内部节点，预测的各个装备系统为叶节点。

④根据测试集对初始决策树的泛化性能进行评估，并进行剪枝处理。

2.梯度提升树算法

梯度提升树作为集成学习的一个重要算法，在提出之初就和支持向量机(support vector machines，SVM)一起被认为是泛化能力较强的算法。具体而言，梯度提升树是一种迭代的决策树算法，它基于集成学习中的提升方法(boosting)思想，每次迭代都在减少残差的梯度方向新建立一棵决策树，迭代多少次就会生成多少棵决策树。其算法思想使其可以发现数据中有区分性的特征以及特征组合，业界中，Facebook 使用其它自动发现有效的特征、特征组合，来作为 LR 模型中的特征，以提高点击率预测的准确性。总之，梯度提升树主要结合回归树和提升树的思想，并提出利用残差梯度来优化回归树的集成过程。

3.XGBoost

XGBoost 算法思想就是不断地添加树，不断地进行特征分裂来生成一棵树，每次添加一棵树，其实是学习一个新函数，去拟合上次预测的残差，而且每次是在上一次的预测基础上取最优进一步建树的。预测一个样本的值，其实就是根据这个样本的特征，在每棵树中被划分到对应的一个叶节点，最后只需要将叶节点对应的分数加起来就得到该样本的预测值。

XGBoost 可以广泛用于数据科学竞赛和工业界，是因为它有许多优点：

(1)使用许多策略去防止过拟合，如正则化项、收缩和列特征抽样等。

(2)目标函数优化利用了损失函数关于待求函数的二阶导数。

(3)支持并行化，这是 XGBoost 的闪光点，虽然树与树之间是串行关系，但是同层级节点可并行。具体的对于某个节点，节点内选择最佳分裂点，候选分裂点计算增益用多线程并行。训练速度快。

(4)添加了对稀疏数据的处理。

(5)交叉验证，早停法(early stop)，当预测结果已经很好的时候可以提前停止建树，加快训练速度。

(6)支持设置样本权重，该权重体现在一阶导数 g 和二阶导数 h，通过调整权重可以去更加关注一些样本。

4.1.2 关联分析技术

关联分析，也称关联挖掘，属于无监督算法的一种，它用于从数据中挖掘出潜在的关联关系。或者说，关联分析就是在交易数据、关系数据或其他信息载体中，查找存在于项目集合或对象集合之间的频繁模式、关联、相关性或因果结构。以下从基于规则的关联分析方法及关联规则挖掘算法(Apriori 算法)等方面介绍关联分析技术。

1.基于规则的关联分析方法

关联规则要处理的数据集的不同属性之间必然存在某种隐藏规律，这种规律可能是群体法则，也可能是自然法则。关联规则就是将这种隐藏规律以数学的方式挖掘出来，一般将隐藏规律称为规则。规则的一般表现形式是“如果……就会……”，“如果”表示的是事件发生的前提，“就会”表示的是事件发生的结果。但实际上，从各式各样的数据中挖掘出来的规则并不是都有意义，假如我们得到的一个关联规则是“如果有一个人购买了 A 基金，就会有较大的概率购买 B 基金”，这样的关联规则实际上并不能明确地指引我们对基金进行组合销售。此时，就需要对挖掘出来的关联规则进行优劣评价。这个评价的指标主要有两条：置信度和支持度。在给出置信度、支持度的规范定义之前，首先需要对关联规则相关理论做出明确定义。设 $I=\{I_1,I_2,I_3,I_4,\cdots,I_n\}$ 为项目集合或项集，其中，$Ik(1<k<n)$ 是一个单独的项目，$D=\{D_1,D_2,D_3,D_4,\cdots,D_n\}$ 为事务集合，其中，$D_k(1<k<n)$ 是一个独立的事务，且 D_k 是 1 的子集。

定义 1：在一条规则中，$A,B(A\geqslant B)$ 是两个事务集合，A 事务集合表示规则成立的条件，B 事务集合表示规则成立的结果，则该条规则的置信度可用条件概率 $P(B/A)$ 表示，根据概率论的相关知识：

$$\text{confidence}(A \geqslant B) = P(B/A) = P(BA)/A \tag{4-7}$$

定义2：在一条规则中，A，$B(A \geqslant B)$是两个事务集合，A事务集合表示规则成立的条件，B事务集合表示规则成立的结果，则该条规则的支持度可用概率$P(AB)$表示，即：

$$\text{support}(A \geqslant B) = P(AB) \tag{4-8}$$

2. Apriori算法

在关联规则挖掘的发展历史上，频繁模式挖掘是被众多研究人员大量研究的热点问题。早在1994年，一种发现频繁项集的基本算法Apriori就被提出，Apriori算法最早被运用于购物篮分析中，挖掘订单商品之前潜在的有趣相关性，从而分析顾客的购买习惯来调整营销策略并增加购买力。Apriori算法是布尔关联规则挖掘频繁项集的原创性算法，它使用一种逐层搜索迭代的方法，从L_{k-1}项集中找出L_k项集，其中$k \geqslant 2$。然后从找出的频繁集中，通过频繁项集挖掘强关联规则。关联规则指有关联的规则，形式上这样定义：两个不相交的非空集合X和Y，如果有$X \geqslant Y$，说明$X \geqslant Y$是一条关联规则。关联规则有两个重要的指标即支持度和置信度，其中：支持度support($X \geqslant Y$)表示集合X与集合Y中的项在一条记录中同时出现的次数比上数据记录的个数，置信度confidence($X \geqslant Y$)表示集合X与集合Y中的项在一条记录中同时出现的次数比上集合X出现的个数。支持度和置信度越高，说明规则越强，关联规则挖掘就是挖掘出满足一定强度的规则。算法的具体流程如下。

①首先通过扫描源事务数据库，累计每一个事务项的出现次数，这里的次数就是项的频数，也就是支持数。将其与预先设置好的最小支持度所对应的频数进行对比，所有支持度大于等于最小支持度的项被称为频繁1项集，该集合记为L_1。

②扫描L_1，将L_1中的项进行自连接，形成频繁2项集的候选集C_2。

③遍历C_2中的项，分别扫描数据库记录下项的频数，从而获取支持度，所有支持度不低于最小支持度的项集则为频繁2项集，该集合记为L_2。

④算法继续重复步骤②的过程，形成频繁3项集的候选集C_3。

⑤算法继续重复步骤②的过程，生成频繁集L_3。

⑥如此循环,直到不能再找到频繁 k 项集,此时频繁项集挖掘完成。

Apriori 算法在候选集计算支持度的时候会多次扫描数据库,为了提高频繁项集逐层产生的效率,可以利用先验性质来压缩搜索空间。两个基本的先验知识:任何频繁项集的子集一定是频繁项集;任何非频繁项集的超集一定不是频繁项集。算法的这一先验知识可以运用于算法的两步过程中,这两个过程由连接步和剪枝步组成。

4.1.3 聚类技术

聚类是根据最大化簇内相似性、最小化簇间相似性的原则,将数据对象集合划分成若干个簇的过程。相似性是定义一个簇的基础,聚类过程的质量取决于簇相似性函数的设计,不同的簇相似性定义将得到不同类别的簇。具有某种共同性质的对象取决于挖掘目标的定义。不同的簇相似性定义得到不同的簇,甚至还有不同形状、不同密度的簇。但不管怎样,传统聚类算法是处理大部分数据对象具有成簇趋势的数据集,将大部分数据对象划分成若干个簇。然而,在一些大数据应用中,大部分数据并不呈现聚类趋势,而仅有少部分数据对象能够形成群组。

1.聚类算法简述

聚类分析算法是一种古老又新颖的分析算法,聚类分析是一种在很久以前就存在的一种分析统计的技术,但是将聚类分析的思想结合现代计算机的算法是一种比较新颖的计算机网络技术。

简单来说,聚类分析就是通过将数据对象进行聚类分组,然后形成板块,将毫无逻辑的数据变成有联系性的分组数据,然后从其中获取具有一定价值的数据内容进行进一步的利用。由于这种分析方法不能够很好地就数据类别、属性进行分类,所以聚类分析法一般都运用在心理学、统计学、数据识别等方面。

聚类算法的分类可以有多种标准,在此列举以下几个方面。

(1)凝聚式/分割式

前者是先将每一个样本都认为是一个独立的簇,然后逐渐合并(merge);后者则是先将所有样本都归为一个相同的簇,然后使用某种规则分割。

(2)单一特征(顺序)/多特征(同时)

两者的区别是，前者一次分簇只使用一个特征，后者一次分簇同时使用多个特征，目前的主流算法均是多特征同时使用的。

(3)硬聚类/模糊聚类

硬聚类就是把数据确切地分到某一类中，属于 A 类就是 A 类，不会跑到 B 类。模糊聚类就是把数据以一定的概率分到各类中，聚类的结果往往是样本 1 在 A 类的概率是 0.7，在 B 类的概率是 0.3。

(4)分层/分割

分层聚类(层次聚类)具有类别层次，分割聚类所有类别同层次。

2.聚类算法举例

本书将聚类算法分为基于图的聚类、基于网格的聚类、基于模型的聚类、层次聚类、基于距离的聚类、基于密度的聚类。其中，层次聚类的距离算法主要基于三个方法，分别是最近距离(single-link)，最远距离(complete-link)和最小方差(minimum-variance)，其中前两者是应用最广泛的。此外，根据算法从上而下/从下而上计算的不同，又分为聚合式(agglomerative)和分裂式(divisive)两种。

single-link 和 complete-link 的算法思路类似，不同之处在于前者在度量两个簇的距离时使用最近距离，而后者使用最远距离。此外也有算法使用 average-link，即平均距离。不论使用哪种 link 方法，在完成簇距离度量后，基于最近距离标准，两个簇被合并为一个大簇或一个大簇被分成两个子簇。在完成聚合/分解时，single-link 倾向于形成松散的簇，而 complete-link 则较为紧密。这是由于 single-link 的计算方式会使得一些本身离得较远的簇，仅由于邻近的两个点就被归为同一个簇。

聚合式聚类算法首先将所有样本都归为一个簇，再将距离最远的两个簇分离，直到所有样本都被分为单独的簇。而分裂式聚类算法首先将每一个样本都视为一个簇，构建所有无序样本对之间的距离列表，并顺序排列，再将目前距离最近的两个簇合并，直到所有样本都落到一个簇中。层次聚类算法的主要缺点是：鲁棒性较差，对噪声和离群点敏感，对于已分簇的样本不再回顾；算法复杂度，不做调整难以适应大数据环境下的计算要求。

在大数据领域，考虑到计算的复杂度，分割聚类的使用范围比层次聚类要广泛。分割聚类又分为基于距离、基于密度、基于分布等多种不同的算法。

K-means 是使用平方误差算法中最简单和使用最广泛的一个。该算法首先进行一次随机的初始化分割，然后根据样本和簇中心的距离，不断将样本重新分配直到收敛条件被满足。收敛条件一般是指，没有任何重分配需要操作，或误差不再缩小。该算法由于需要进行初始化，容易陷入局部最优。且对离群点、噪声敏感。算法步骤如下。

①随机选择 k 个样本点(或随机点)作为簇中心。

②将每一个样本点分配给距离簇中心最近的簇。

③使用新的簇成员重新计算簇中心点。

④如果收敛条件未满足，则回到步骤②。

K-means 有很多变体，其中一些寻求更好的初始分割，而另一些则允许在 K-means 算法簇聚类结果的基础上，进行簇的分割和聚合操作。一般来说，当一个簇的方差高于一个预设值时，会被分割开；而当两个簇中心的距离低于某个预设值时，会被合并。使用此类变体算法即可在初始化分割较差的情况下获得最优结果。K-means 的一个主要问题是无法处理不规则形状聚类，因此有学者针对此类情况开发了基于密度的聚类方法。

图论聚类中，最著名的算法是基于最小生成树(minimum spanning tree，MST)构建，然后删除长度最大的 MST 边界来生成簇。层次聚类和图论聚类有相关性，使用 single-link 获得的簇是最小生成树的子图；使用 complete-link 获得的簇是最大完备子图。

谱聚类是由图聚类衍生出的一类聚类方法，该方法对样本点和簇的分布无预设，且可应用于大规模数据聚类中，无须做随机初始化，可以获得全局最优解。谱聚类的缺点是必须选择合适的相似度图，且对参数很敏感。

基于密度的聚类是指只要邻近区域的密度(对象或数据点的数目)超过某个阈值，就继续聚类。常见算法为 DBSCAN 算法(density-based spatial clustering of applications with noise)，主要针对大规模无规则形状的聚类应用场景。

基于网格的聚类算法的原理就是将数据空间划分为网格单元，将数据对象集映射到网格单元中，并计算每个单元的密度。根据预设的阈值判断每个网格单元是否为高密度单元，由邻近的稠密单元组形成“类”。其思路类似基于密度的聚类，但以网格划分开。

该类方法的优点是执行效率高，因为其速度与数据对象的个数无关，而只依赖于数据空间中每个维上单元的个数。但缺点也不少，比如对参数敏感、无法处理不规则分布的数据、维数灾难等。STING (statistical information grid)和 CLIQUE(clustering in quest)是该类方法中的代表性算法。

此外，聚类还可以通过期望最大化算法、最邻近聚类、模糊聚类、人工神经网络、遗传算法等完成，可以称为基于模型的聚类算法。

最大期望算法(expectation-maximization algorithm，EM)是一种基于最大似然，最初被应用于缺失值问题的算法。1997 年由 Mitchell 首次提出，可应用于聚类算法中。在 EM 算法框架中，每一个分布及分布混合的参数都是未知的，均应从样本中估计。EM 算法首先初始化一个参数向量，然后迭代地对样本重打分，再利用这些样本进行参数估计。

最近邻聚类方法的步骤是：首先任意选择一个样本点作为第一个簇的中心点，再计算其余样本点到该点的距离。若高于距离阈值，则令该点为新的簇中心点；若低于阈值，则将该点归到距离最近点的簇中。如此循环直到没有点未被归类。

模糊聚类与其他聚类方式不同之处在于它将每一个样本对每一个簇的“归属”使用隶属度函数表达，即同一个样本可能隶属于多个簇，但其在不同簇的隶属度之和为 1。

4.1.4　深度学习与强化学习

深度学习与强化学习也是大数据挖掘与分析技术中关键的应用。随着技术的进步，计算机的运算能力大大提升，深度学习与强化学习的应用也越来越广泛。以下简要介绍深度学习与强化学习的概念。

1.深度学习

深度学习是指在多层神经网络上运用各种机器学习算法解决图像、文本、语音等各种问题的算法集合，例如：图像检测、图像分割、文本翻译、语音识别。深度学习从大类上可以归入神经网络,不过在具体实现上有许多变化。深度学习的核心是特征学习,旨在通过分层网络获取分层次的特征信息,从而解决以往需要人工设计特征的重要难题。

目前具有代表性的深度学习算法包含:卷积神经网络、自动编码器、稀疏编码、限制波尔兹曼机、深信度网络、循环神经网络等。

2.强化学习

强化学习是学习一个最优策略,可以让本体在特定环境中,根据当前的状态,做出行动,从而获得最大回报。其灵感来源于心理学中的行为主义理论,即有机体如何在环境给予的奖励或惩罚的刺激下,逐步形成对刺激的预期,产生能获得最大利益的习惯性行为。这个方法具有普适性,因此在其他许多领域都有应用,例如,博弈论、控制论、运筹学、信息论、仿真优化、多主体系统学习、群体智能、统计学以及遗传算法。在运筹学和控制理论研究的语境下,强化学习称作"近似动态规划"。在最优控制理论中也有人研究这个问题,虽然大部分的研究是关于最优解的存在和特性,并非是学习或者近似方面。在经济学和博弈论中,强化学习被用来解释在有限理性的条件下如何出现平衡。

目前具有代表性的强化学习算法包含:动态规划、蒙特卡罗法、时序差分法、策略梯度法等。

4.2 其他数据分析与应用技术

本节介绍几种其他数据分析与应用技术,包括基于统计学的数据分析技术、基于图/网模型的数据分析技术以及几种优化算法。

4.2.1 相似度算法

为了度量体系结构模型中的相似性,可采用相似度算法作为计算相似的依据,而相似度算法又包括针对离散值的算法和针对连续值的算法等,常用的相似度算法有欧式距离、皮尔逊相关系数、余弦相似度和Jaccard距离等。

1.欧氏距离

欧几里得度量(也称欧氏距离)是一个通常采用的距离定义,指在m维空间中两个点之间的真实距离,或者向量的自然长度(即该点到原点的距离)。在二维和三维空间中的欧氏距离就是两点之间的实际距离。

对于数值型的数据,可采用欧氏距离直接表示数据之间的距离:

$$d(a,b)=\sqrt{\sum_{i=1}^{n}(a_i-b_i)^2} \tag{4-9}$$

式中,a、b 表示两条数值型数据,a_i 和 b_i 分别表示样本的第 i 个特征的取值。

2.皮尔逊相关系数

皮尔逊相关系数是用协方差除以两个变量的标准差得到的,虽然协方差能反映两个随机变量的相关程度,但其数值上受量纲的影响很大,不能简单地从协方差的数值大小给出变量相关程度的判断。为了消除这种量纲的影响,就有了相关系数的概念。其中皮尔逊相关系数计算公式为:

$$\rho_{a,b}=\frac{\mathrm{cov}(a,b)}{\sigma_a\sigma_b}=\frac{E((a-\mu_a)(b-\mu_b))}{\sigma_a\sigma_b} \tag{4-10}$$

其中 a,b 分别表示两组数据;$\mathrm{cov}(a,b)$表示协方差;σ 表示标准差。

3.余弦距离

余弦距离也称余弦相似度,用两个向量夹角的余弦值来衡量样本之间差异性的大小。在自然语言处理、数据挖掘等多个领域广泛应用,可考虑将使命任务转化为向量之后再采用余弦距离来度量其相似度,其计算公式为:

$$\cos(a,b)=\frac{ab}{|a||b|}=\frac{\sum_{i=1}^{n}a_ib_i}{\prod_{i=1}^{n}\sqrt{a_i^2+b_i^2}} \tag{4-11}$$

式中,a、b 表示文字型数据通过语义向量化所获得的两个具有标准格式的向量;a_i 和 b_i 分别表示第 i 个向量维度特征。

4.Jaccard 距离

对于某些具有特定取值(即离散值)的特征,如在空间约束、时间约束、力量运用约束等,为了计算它们之间的距离,可采用 Jaccard 指数直接计算该数据中取值相等的样本个数:

$$j(a,b)=\frac{count(a_i=b_i)}{count(a_i)+count(b_i)} \tag{4-12}$$

式中，$count(a_i=b_i)$表示a_i和b_i相等的个数；$count(a_i)$和$ount(b_i)$分别表示a_i和b_i的数量。

同理，为了衡量测量样本之间的差异性，可采用Jaccard距离来衡量，Jaccard距离和Jaccard指数是互补的，即：

$$d_j(a,b)=1-j(a,b)=\frac{count(a_i)+count(b_i)-count(a_i,b_i)}{count(a_i)+count(b_i)} \tag{4-13}$$

为了度量使命任务的相似度，可采用上述的几种相似度度量标准来计算。由于使命任务中存在离散值、连续值等多种类型的取值，所以可采用多种相似度加权来衡量整个使命任务的相似度，同时也可以将使命任务向量化之后再来衡量向量之间的相似度，从而寻找最相似的已有体系结构模型。但是当模型的量级过大时，每次都遍历所有的样本来进行寻找将导致算法复杂度过大、运行时间过长等问题，故可先对新的使命任务进行分类，再在所属的类别内部寻找最相似的已有模型，进而提高算法运行效率。为了实现新的使命任务的分类，考虑到原有的使命任务无类别标签一说，故考虑采用聚类算法直接将相似的使命任务作为一个类别，从而实现对使命任务的分类。

4.2.2 基于图/网模型的数据分析技术

复杂网络（complex network，CN）理论所研究的是各种看上去互不相同的网络之间的共性和处理它们的普适方法。一个具体的网络可以抽象为一个由节点集合V与连边集合E组成的图$G=(V,E)$。节点数目记为$N=|V|$，连边数目记为$M=|E|$。E中的每条边都有V中的一对节点与之相对应。如果网络中所有连边关系都是无向的，那么这个网络就是一个无向网络，否则就是一个有向网络；如果网络中每一条边都有附加权重，那么这个网络就是一个加权网络，否则就是一个无权网络。无论是有向还是无向，加权还是无权，网络都可以用一个矩阵W来表示，矩阵元素w_{ij}代表节点V_i与节点V_j之间的权重（无权网络分别为0或1），这个矩阵叫作网络的邻接矩阵。

1.网络结构统计量

(1)度与度分布

度(degree)是单独节点的属性。如果网络是无向的,那么网络中一个节点的度数就是与它相连的边的数目或者邻居节点的数目;如果网络是有向的,那么从该节点指向其他节点的边的数目就是这个节点的出度,而由其他节点指向该节点的边的数目就是这个节点的入度。

$$d^{\text{out}}(v_i)=\sum_j w_{ij},d^{\text{in}}(v_i)=\sum_j w_{ji} \tag{4-14}$$

网络中节点的度的分布情况可以用一个概率分布函数或分布列$P(k)$来描述,称为度分布(degree distribution),它表示在网络中随机选定一个节点,其度数为k的概率。

$$P(k)=\frac{\sum_{v\in V}\delta(d(v)=k)}{N} \tag{4-15}$$

(2)介数中心度

网络中节点的中心度指的是节点在网络结构中所处位置的中心程度,而介数中心度是评价一个节点位置中心程度的一类指标,其具体意义是网络中其他任意两个节点之间通过该节点的最短路径的数目占比之和。

$$C_B(v)=\sum_{s,t\in V;s,t\neq v}\frac{\sigma_{st}(v)}{\sigma_{st}} \tag{4-16}$$

(3)聚类系数

网络中某个节点的聚类系数是指该节点的邻居节点之间实际的连边数量与最大连边数量的比值。该系数刻画了网络的聚类特性,整个网络的聚类系数就是所有节点的聚类系数的平均值,是衡量网络聚集性的一个指标。

$$C_C(v)=\frac{n}{C_k^2}=\frac{2n}{k(k-1)} \tag{4-17}$$

(4)路径长度

网络中任意两个节点之间的距离定义为这两个节点之间最短路径长度,其中最长的距离称为该网络的直径。网络的平均路径长度即为所有节点对之间距离的平均值,是衡量网络小世界性质的一个重要指标。

2.常见的网络模型

(1)规则网络

规则网络是指按照确定的、不含随机性的规则生成的网络模型。常见的规则网络有全局耦合网络、最近邻耦合网络以及星形网络。

全局耦合网络是指网络中的任意两个节点之间都有直接的边相连的网络,显然这种网络是具有相同节点数目的所有网络中聚类系数最大和平均路径长度最短的,这体现出全局耦合网络明显的聚类特性和小世界特性。但是全局耦合网络的连边数量同样也是相同节点数目的所有网络中最多的,为节点数目的平方量级,而实际网络往往是比较稀疏的,其连边数目和节点数目通常处于同一量级。

解决连边稀疏性问题可以采用最近邻耦合网络模型。最近邻耦合网络中的节点等间隔分布在一个圆环上,每个节点都与其距离最近的固定数目的节点相连。最近邻耦合网络是高度聚类的,但并不具有小世界特性。

星形网络是较为特殊的一类网络。它有一个中心节点,其余节点都连接到这个中心节点之上,彼此之间没有其他连接。

(2)随机网络

与完全规则网络相反的是完全随机网络,ER 随机图模型(匈牙利数学家 Erdos 和 Renyi 建立的随机图理论)是其中的典型,其生成方式是在一堆散落的节点中将任意两个节点以指定的概率相连。

ER 随机图的许多重要的性质都是突然涌现的,例如,当连接概率较小的时候,生成的随机网络一般都是不连通的,然而当连接概率逐渐增大直至超过某一临界值的时候,生成的大部分随机网络都变得连通起来。这种状态的突变称为相变。

ER 随机图的平均路径长度近似按照网络的规模以对数增长,具有典型的小世界特征。ER 随机图的聚类系数近似为连接概率,一般设置较小,因此稀疏的 ER 随机图并没有明显的聚类特性,这点和现实中的复杂网络有所不同。另外,大规模 ER 随机图的节点度分布以泊松分布的形式呈现,因此 ER 随机图也称为 Poission 随机图。

(3)小世界网络

可以明确的是,现实世界中的各种复杂网络既不是完全规则的,也不是完全随机的,而是一种介乎两者之间的形式存在。作为从完全规则网络向完全随机网络的过渡,Watts 和 Strogtz 于 1998 年引入了 WS 小世界模型,其构造的小世界网络的典型特点是既具有较短的平均路径,又具有较高的聚类系数。

WS 小世界模型的构造算法有可能破坏网络的连通性。另一个研究较多的小世界模型是由 Newman 和 Watts 稍后提出的 NW 小世界模型。

(4)无标度网络

规则网络的度分布呈现 δ 分布的形式,ER 随机图与 WS 小世界网络的度分布则呈现泊松分布的形式,然而现实中的复杂网络的度分布却大都以幂律分布的形式呈现。为了解释幂律分布的产生机理,Barabasi 和 Albert 以优先连接实现网络的增长提出了 BA 无标度网络模型。

BA 无标度网络具有小世界特性,但是同 ER 随机图类似,大规模的 BA 网络不具有明显的聚类特性。

第5章　面向复杂系统设计的大数据应用平台

5.1　平台总体设计

5.1.1　平台总体架构设计

大数据架构设计的目的旨在从整体宏观的角度对大数据系统功能、流程和系统基础支撑平台等多个方面进行描述，为后期分系统、分业务流程设计提供指导。同时通过对架构设计进行论证和分析，能够提高后期系统详细设计的可靠性和可行性，同时架构设计又可为系统性能、扩展性、可用性、安全性和成本等多个角度的分析提供基础。

1.大数据平台架构及其流程

大数据管理与分析框架主要包括三个层次，分别是数据源层、平台层和应用层。为了实现海量数据的管理与分析，平台层又可划分为四个部分，分别是数据存储/处理底层框架、统一数据获取、大数据预处理和大数据分析与服务。数据源层根据处理方式的不同包含批处理数据和实时数据两种。批处理是指按照预定的业务需求方式，如业务数据的统计分析、汽车销量预测、汽车故障预测等，对业务数据管理系统中的数据进行批量化获取、预处理、管理、分析与服务的过程，因此批处理数据属于非实时(离线)数据；而实时数据则主要来自汽车传感器、用户操作、生产加工状态等数据源实时产生的数据，这些数据以流的形式从数据源获取，并经由大数据管理与分析系统的处理形成结构化数据，然后为各应用系统提供查询、挖掘与可视化等服务。

平台层包括大数据管理与分析所需要的相关技术、流程与组件。其中数据存储/处理底层框架主要包括实现大数据管理与分析所必需的基本组件，如 HDFS 分布式文件系统负责分布式的大数据存储、MapReduce 作业环境负责海量数据的分布计算与处理、Zookeeper 协调服务负责集群的任务调度与同步控制等，这些组件是提高大数据存储与处理能力的基础，视业务需求可能采用spark大数据处理引擎或其他类似组件实现海量数据流的实时处理；统一数据获取是平台对底层业务数据管理系统数据进行抽取的过程，是大数据生命周期的第一个环节，它通过SQL适配、文件适配、实时适配和HDFS适配等方式获得涵盖结构化、半结构化和非结构化数据类型的海量数据；大数据预处理是指针对大数据价值密度低、种类多、来源广等特点在具体业务使用前对数据的预处理过程，主要包括特征工程、数据转换、数据集成和数据融合等多个部分，其中特征工程和数据转换是保证数据质量和数据有效性的关键，而数据集成是面向具体的数据分析、可视化、挖掘等业务提供统一数据接口的关键，通过元数据模型实现了对底层多源、异构、标准不一致数据的统一描述，数据融合则是针对具体业务，如业务统计分析，进行数据提取、整合与交付的过程，是实现在线快速评估的关键；大数据分析与服务是为应用层提供数据统一查询、分析与挖掘、可视化等功能的工具，这些功能的相互组合共同为应用层提供数据服务，比如在汽车销量预测的过程中，首先需要通过统一查询接口获得汽车销量相关的数据，然后利用分析与挖掘服务对数据进行建模与分析，获得优化结果，最后利用可视化工具对优化后的结果进行展现。

数据应用层主要是和实际业务相结合的具体应用，如汽车销量预测、汽车故障预测以及为了分析业务而进行的基础统计分析等多种基于大数据分析的应用。其中销量预测可根据近几年的多个维度特征下的汽车销售相关数据训练基础模型，如支持向量回归、逻辑回归等多种机器学习技术对未来销量进行预测，对汽车生产规划、进货和物流规划等多个相关业务提供支持；故障预测主要是根据汽车实时传输的数据进行分析，结合已有的汽车状况数据从而预测汽车故障的可能性，提升汽车综合服务水平；基础统计分析主要是为财务、战略规划和发展提供一定的数据支持。

2.架构设计方法

现阶段系统架构主要采用的方法为五视图法，即从软件设计的五个视角对系统进行简化描述，描述中基本涵盖了系统特定方面，省略了其他方面。五视图主要是指逻辑架构视图、开发架构视图、运行架构视图、物理架构视图和数据架构视图,其中:逻辑架构视图主要面向功能和业务流程,着重从功能的角度考虑设计;开发架构视图主要关注程序包,考虑开发生命周期的质量属性,如可扩展性、可重用性、可移植性、易测试性和易理解性等方面;运行架构视图关注进程、线程、对象等运行概念,以及相关的并发、同步、通信等问题,设计主要考虑运行周期的质量属性,如性能、可伸缩性、持续可用性和安全性等;物理架构视图关注最终软件如何安装或部署物理机器;数据架构视图主要关注持久化数据的存储方案,综合考虑数据需求。

5.1.2 接口设计

在大数据管理与分析系统与数据集成系统的交互过程中,接口使用 HTTP 请求的形式传递接口参数。HTTP 协议是建立在 TCP 协议基础之上的,当浏览器需要从服务器获取网页数据的时候,会发出一次 HTTP 请求。HTTP 会通过 TCP 建立起一个到服务器的连接通道,当本次请求需要的数据完毕后,HTTP 会立即将 TCP 连接断开,这个过程是很短的。所以 HTTP 连接是一种短连接,是一种无状态的连接。

HTTP 协议的主要特点可概括如下。

①支持客户/服务器模式。

②简单快速:客户向服务器请求服务时,只需传送请求方法和路径。每种方法规定了客户与服务器联系的不同类型。HTTP 协议简单,使得 HTTP 服务器的程序规模小,因而通信速度很快。

③灵活:HTTP 允许传输任意类型的数据对象。正在传输的类型由内容类型(content-type)加以标记。

④无连接:无连接的含义是限制每次连接只处理一个请求。服务器处理完客户的请求,并收到客户的应答后,即断开连接。采用这种方式可以节省传输时间。

⑤无状态:HTTP 协议是无状态协议。无状态是指协议对于事务处理没有记忆能力。缺少状态意味着如果后续处理需要前面的信息,则它必须重传,这样可能导致每次连接传送的数据量增大。

大数据管理与分析系统通过基础 URL 访问业务集成系统的文件数据。

(1)获取业务集成系统中的数据接口

功能描述:通过接口获取到项目信息,直接访问项目路径对文件进行下载,获取项目的所有详细信息。

(2)反馈至业务集成系统的数据接口

功能描述:选中项目的 id,输入标识、文件状态,选中文件获取文件名称,通过文件将大数据管理与分析系统的文件反馈至业务集成系统。

5.2　数据库设计与交互设计

5.2.1　数据库设计

大数据平台数据量大,承载业务多,业务涉及的数据种类较多。随着数据量的持续增长,对数据的管理也就越来越重要,建立大数据平台数据库对各类业务数据的管理,合理、高效利用数据都有着重要的意义。数据库是进行数据管理的基础,数据库的建立使相关制造流程以及其他业务需求一体化的信息化管理加快了进程,随着数据库的不断更新完善和推广使用,可实现各管理部门之间的数据信息和技术的共享,进一步为大数据建设和经济建设提供保障和服务。

1.数据库设计的流程

数据库设计主要是对数据库中的数据表格进行设计。根据业务分析平台、用户、数据等相关需求,在数据库软件中实现数据的物理模型,同时还需评测整个数据库数据表格的相关性能,确保能满足业务需求。最后利用测试数据对数据库进行功能检测、结构检测、实例检测等指标的验证,以使其符合相关要求。

2.数据库设计的方法

在大数据平台中,根据数据特征,可以将数据分为结构化数据和非结构化数据。结构化数据即能通过传统的关系型数据库进行管理的数据,它具有标准的结构。非结构化数据是指没有固定结构的数据,比如一些文件、视频。所以依照数据特征将数据库划分为结构化数据库和非结构化数据库,考虑到大数据平台的数据量,综合使用结构化数据库以及非结构化数据库来管理数据。

非结构化数据库将业务数据库中的非结构化数据转化为字符与字

段顺序存储，数据没有固定格式，大多起记录作用。

对数据库设计的方法需结合具体数据类型，如制造过程数据，则需要梳理制造流程来设计数据视图与设计结构。为了更好地管理数据，系统数据库的设计还包括元数据库的设计。

5.2.2 交互设计

交互设计是支持人们日常工作的交互式产品/应用的设计。交互设计的目的就是通过设计找到帮助和支持人的方法，它是一个抽象的术语，在大数据平台的应用上，交互设计的目的就是提供用户查看、管理、利用数据的界面工具。

1.交互设计的流程

大数据平台是以海量大数据存储为基础，通过分布式实时计算引擎、内存数据分析引擎以及离线批处理引擎提供数据的计算分析，力求通过简单的交互操作屏蔽底层复杂的大数据处理技术，帮助用户实现海量数据分析的任务。因此如何从用户的业务角度出发，设计出技术细节对用户透明、交互操作简单高效的应用，成为大数据平台中应用层面开发的重要目标。

交互设计流程就是通过各方参与人员在架构体系中的不断交互反馈和持续迭代，构建基于数据的用户体验良好的产品方案。客户提出原始需求和反馈，项目经理将用户需求转化为交互设计需求提供给交互设计人员，交互设计人员与项目经理不断沟通，设计出高保真的交互设计原型，开发人员和设计人员完成系统设计，再提交产品给项目经理，项目经理再不断与需求提出方沟通。最终会得出符合要求的大数据平台应用。

2.交互设计的方法

(1)需求分析

需求分析阶段是确定交互设计的基础，在需求分析阶段要充分挖掘用户潜在需求，并将理解的需求通过交互原型提交给用户，通过用户使用反馈迭代交互设计原型，使交互设计原型满足用户的需求。

①通过思维导图理解用户交互需求。

②基于交互问题的交互需求确认。

③通过需求收集阶段收集的交互需求转化为交互原型。

(2)架构设计

完成了交互设计原型的开发,就进入了大数据平台架构设计。在该阶段,交互设计人员需要根据原型设计确定整体交互架构和相关交互组件的详细设计。

①交互框架的选型。

②可复用交互组件设计。

③特定交互控件设计。

④特定界面设计。

(3)应用开发

在大数据平台的应用开发阶段,设计得到落实校验,针对前期的交互架构设计,编码人员可选择的实现方式有很多种,而此刻应该关注的是交互设计实现的性能和代码的简洁度。

(4)测试阶段

测试阶段检验最终编码实现是否符合交互设计,是设计和实现一致性的保障,必须严格执行。通过测试人员测试合格后,由项目经理确认发布并交付给用户使用。

5.3　微服务架构设计

微服务是指开发一个单个小型的但有业务功能的服务,每个服务都有自己的处理和通信机制,可以部署在单个或多个服务器上。微服务也指一种松耦合的、有一定的有界上下文的面向服务架构。由于微服务所存在的松耦合性、组件化、自治等基本属性,若不进行整体架构设计,将导致系统散乱、运行效率低下和混乱等问题,故先对微服务系统从整体宏观的角度考虑进行论证、设计和分析,有助于提高微服务系统运行效率,解决微服务散乱等问题。

5.3.1　微服务架构设计流程

基于大数据的微服务架构主要分为四个层次:用户服务层、业务服务层、基础服务层和数据仓库层。根据领域维度又可将所服务的业务分为三类:第一类是基础服务,为平台提供基础功能,如数据采集、数据仓库和用户模块等;第二类为支持服务,为业务提供一定的支持作用,例如容器服务、工具服务和云服务等;第三类是核心业务,即将某个强相关的业务抽象而形成的微服务,如数据挖掘、算法分析以及和特定业务紧密结合的服务等。

对于用户层来说,应用程序接口门户(API Gateway)封装了内部系统框架,为用户提供 API,同时还有分发、监控、缓存和负载均衡等功能,用户可通过所提供的 API 结合自身业务情况选择所需要的服务,同时平台通过底层计算、分析将结果反馈给用户。

业务服务层是微服务架构的核心,包含了大部分面向用户的服务,是对具体业务抽象和转化的结果,平台通过对服务的封装形成对应的 API 供用户调用。业务服务层是连接下层基础平台层和上层用户服务层的中间层,直接决定平台服务质量。对于细分的三类服务来说,业务服务主要提供与业务直接相关的数据分析、挖掘服务;平台服务提供计算、数据修复和基础数据服务;第三方服务是平台引进的第三方服务通过封装之后面向客户的服务。业务服务、平台服务和第三方服务也存在一定的交互关系,用户可根据自身需求进行服务组合从而实现服务。

基础服务为平台提供持续、自动化部署,监控,管理和计算等基础能力,不同的微服务可异地部署,同时基础服务还管理底层数据和第三方服务,主要是面向平台开发人员和管理人员,开发人员和管理人员可在此进行新服务开发、服务管理以及数据管理等。同时考虑到在第三方服务接入平台的情况,故设计了为第三方服务授权、注册、编辑等多种服务,同时第三方数据库可通过数据接口服务流入数据仓库。

底层数据库提供数据存储、管理和采集功能,根据实际情况又可将数据分为结构化数据、非/半结构化数据。其中,结构化数据主要是指由二维表结构来逻辑表达和实现的数据,严格地遵循数据格式与长度规范,主要通过关系型数据库进行存储和管理,可利用 MySQL 进行数据库管理。而对于非结构化数据如文件、图片、音频和视频等,可利用 HBase 进行管理。同时考虑当数据量级较大时可采用 Hadoop 的分布式文件系统(HDFS)实现分布式数据存储和管理,同时分布式存储为分布式计算提供基础,是大数据计算、运行高效的保障。

5.3.2 业务服务设计

1.数据预处理模块设计

数据预处理模块的主要任务是实现源数据转化为业务需要的目标数据的数据交互过程。数据交互是根据业务需求在元数据模型的指导下完成数据映射的过程,此过程通过实现数据结构之间的映射,实现多系统节点的数据交互。

元数据和元数据模型是数据交互必不可少的要素。因此,数据预处理模块除了完成数据交互工作之外,还需要对元数据和元数据模型进行管理。在数据预处理模块中通过对元数据和元数据模型的种类和内容进行查看,能够帮助操作人员更好地理解业务需求和数据交互的过程。

数据预处理模块的功能分为元数据管理、元数据模型管理和数据集成。其中,元数据管理划分为元数据浏览、元数据编辑和元数据查询三个子功能;元数据模型管理划分为元数据模型浏览、元数据模型编辑和元数据模型查询三个子功能;数据集成划分为数据包浏览、数据集成管理和数据包查询三个子功能。

(1)元数据管理

元数据管理的主要任务是对元数据进行综合管理。元数据是描述数据仓库内数据的结构的数据,它是对数据仓库内数据的一种统一描述标准。通过元数据可以提高底层数据的利用效率。因此,在数据预处理模块中,元数据代表了需要交互数据的数据结构。

元数据管理主要划分为元数据浏览、元数据编辑和元数据查询三个子功能。元数据浏览可查看当前所有已管理的元数据信息,包含元数据名称、元数据类型、表、字段、元数据说明等。元数据编辑可新录入元数据信息,也可以修改编辑类型、字段等内容,对元数据进行管理维护。元数据查询可通过元数据类型、元数据名称等对已有元数据进行查询。

大数据的管理与分析过程中需要管理和使用装备、指标、约束等基础数据,这些数据为大数据管理与分析系统提供基础支撑,保障业务流程和数据分析的正常运转,所以需要提取基础数据的元数据,并对这些元数据进行管理。

(2)元数据模型管理

元数据模型管理的主要任务是对元数据模型进行综合管理。元数据模型是源数据映射为目标数据过程的描述标准,它主要包含描述源数据数据结构和目标数据结构的元数据以及两者间的映射关系。当平台处理不同业务时,所需的目标数据不相同,因此关联的源数据也不相同,从而产生了不同的元数据模型。定义针对特定业务的元数据模型能够明确业务的目标数据的数据结构和所需源数据的数据结构,以及数据间的映射关系,从而指导操作人员完成数据交互的工作。

元数据模型管理也主要划分为元数据模型浏览、元数据模型编辑和元数据模型查询三个子功能。元数据模型浏览可查看当前所有已管理的元数据模型信息,包含元数据模型名称、源表、源字段、目标表、目标字段、元数据模型说明等。元数据模型编辑可新录入元数据模型信息,也可以修改编辑表、字段等内容,对元数据模型进行管理维护。元数据模型查询可通过元数据模型名称等对已有元数据模型进行查询。

大数据的管理与分析过程中需要管理和使用装备等基础数据,这些数据为大数据管理与分析系统提供基础支撑,保障业务流程和数据分析的正常运转,所以需要提取基础数据的元数据模型,并对这些元数据模型进行管理。

(3)数据集成

数据集成的主要任务是让操作人员能够管理数据,并且让操作人员在元数据模型的指导下完成数据的映射过程。其中,该功能主要划分为数据流浏览、数据查询和数据交互三个子功能。数据流浏览支持在特定区域展示综合设计系统、建模与仿真系统、联合试验系统和智能评估系统的系统间以及系统内数据流。操作人员通过浏览数据流能够更好地理解业务的需求和目的,从而加深对元数据模型的理解。数据查询支持操作人员对数据进行查看,让操作人员在进行数据映射工作前对数据有清晰的认识。数据交互支持操作人员根据元数据模型完成数据映射的过程,元数据模型中包含目标数据的数据结构、所需元数据和两者的映射关系,操作人员需要根据业务选择特定的元数据模型,然后系统根据元数据模型描述的信息完成系统集成的数据到目标数据的实际映射过程。

数据集成功能划分为数据包浏览、数据集成管理和数据包查询三个子功能。数据包浏览可查看当前所有已管理的数据包信息，包含数据包名称、当前状态、数据包说明、集成时间等。数据集成管理可对数据包进行共享、集成、停用等管理维护。数据包查询可通过当前状态、数据包名称、数据包编码等对已有数据包进行查询。

先基于需求和业务梳理元数据和元数据模型，再依据元数据和元数据模型，对基础数据进行逐步集成，主要流程如下。

①先根据所获取的数据提取出其元数据，包括名称、标识、数据结构、来源、数据类型、关键字、日期、资源格式等。

②建立数据映射库，即源数据到目标数据的映射方法，主要采用简单映射和复合映射两种方法，其中简单映射指源数据通过一次转换得到目标数据的映射，映射关系为 f，源表数据为 a，目标数据为 b，则 $a \xrightarrow{f} b$；复合映射指经过多个映射关系获得目标数据，即 $a \xrightarrow{f_{1\cdots f_n}} b$，此过程中将映射关系看作所采用的数据融合技术。

③当有新的数据需要进行处理时，先提取出新数据的元数据，在自适应过程中主要采用两种技术：基于产生式规则的自适应处理技术，即通过对元数据特征的判断数据处理方法，采用多重 if-then 规则对数据处理方法进行分流，从而实现数据自适应处理；基于随机森林的数据自适应处理技术，即以元数据的取值作为特征，以数据的映射关系作为类别，先利用产生式规则生成大量的数据映射样本，通过学习建立随机森林模型实现多分类学习，从而实现数据自适应处理。

通过数据自适应分流之后采用单域数据重构和多域数据融合方法对数据进行处理。单域数据重构是指将来自同一个领域不同传感器或收集装置的数据进行重构，从而为数据服务提供合适的数据；多域数据降维是指结合多个来源数据的降维，通过多个方面对数据进行描述，同样也是为顶层应用提供降维数据。

单一域上数据种类相对较少，但是尺度较多，因此主要研究算法角度的数据重构方法。它包括两方面：曲线拟合与插值、边界模糊数据的界限划分。针对曲线拟合与插值，可采用的方法有非对称高斯函数拟合、拉格朗日插值等。非对称性高斯拟合以较少的数据体现曲线的整体特点，可以提高曲线分析的效率，便于曲线上的插值。拉格朗日插值可以在一定程度上解决数据粒度粗糙给数据应用带来的问题。针对区域划分，可采用模糊集理论进行处理。模糊集理论通过在论域上构建合适的隶属度函数，将分界模糊的数据和评价指标等转换成隶属度函数的形式，再针对单指标参量和多指标参量的不同特点进一步使用其他方法完成划分任务。数据降维方面，考虑到多域数据多平台、跨域采集以及分布式存储的特点和在数据评估过程中对数据维度、数据结构、数据关系的要求，主要采用两大类方法完成数据降维，即线性降维方法和非线性降维方法。线性降维方法的假设是数据中存在的线性关系导致一定的冗余。具体可采用主成分分析（PCA）和线性判别分析（LDA）。线性方法相对简单、高效，但是其假设前提决定了在实际应用中部分数据集的应用结果表现可能并不好，此时可以使用非线性降维方法，具体可采用局部线性嵌入（LLE）和等度量映射（Isomap）。

数据集成的结果为各数据包，便于系统内部计算和管理使用，也可经数据资源管理后，形成数据资源包供外部调用。

2.数据分析与服务模块设计

数据分析与服务模块主要是面向业务操作人员，实现与底层的数据支撑平台的交互过程，底层提供数据管理、存储、计算、分析与服务等功能，通过数据分析与服务模块操作底层平台达到数据分析与服务的目的。主要功能包括数据统计分析、数据资源服务、数据挖掘应用。

（1）数据统计分析

数据统计分析功能是对数据进行统计与分析的方法。例如，数据统计子功能主要是统计某一数据的期望、均值、方差等，对本系统所管理的数据以进行统计分析，并以可视化方式呈现。可视化是通过视觉表现形式，对数据进行探索、展现以及表达数据含义的一种信息技术。利用成熟的可视化技术，将枯燥的数字转换为容易掌握和理解的画面，可增加数据的可用性和价值。

在数据统计分析功能中，基于本系统所管理的数据，结合实际需求，采用对比分析、排名分析、结构分析、时序分析等手段对数据进行分析，并以直方图、饼图、箱线图、散点图、二维高斯核密度估计图等方式呈现，充分利用数据的价值促进管理水平的提升。

(2)数据资源服务

数据资源服务功能可展示本系统提供的数据资源服务以及可通过调用数据资源服务所能实现的用途。用户亦可基于需求在此功能中检索并选取相关数据资源服务，数据资源服务调用时先将用户选取的服务传达到底层，底层工具运行服务并将服务结果反馈给用户。

通过数据清洗、转换、集成或融合等方法对底层的海量数据进行统一建模与集成，并将各类数据服务进行封装，从而对外提供可定制的、标准化的、智能的检索、分析或可视化服务。包括两种类型：一种是用服务封装数据资源，供用户访问并使用；一种是运用大数据处理分析方法，从海量数据中挖掘出有价值的信息，并用这些信息辅助进行决策，从而实现数据的价值。

数据资源服务功能包括数据服务浏览、数据服务管理、数据服务查询三个子功能。数据服务浏览可查看当前所有已管理的数据服务信息，包含服务名称、当前状态、服务说明等。数据服务管理可对数据服务进行调用操作，对数据服务进行停用等管理维护。数据服务查询可通过服务名称、服务编号、当前状态等对已有数据服务进行查询。

数据服务主要分为两种类型—只读型服务和操作型服务。只读型服务是指应用层需要某些数据，服务层在其发起查询请求之后到数据源查询相关数据并反馈到应用层；操作型服务是指应用层根据业务需求对数据服务层发起请求，服务层根据请求明确具体的数据处理方法，如基本求值、数据挖掘、数据融合等，同时服务层也可以提供将多个处理方法组合生成完整的数据处理过程从而形成一条服务，通过数据操作之后服务层将处理结果提供给应用层，实现操作型服务。

由专业人员基于对数据的分析和对应用需求的调研，经专业的大数据处理过程后集成为内部的数据资源，再经开发人员的封装成为可供外部使用的数据资源服务。因整个过程需要专业人员进行很多专业的操作，所以数据资源服务需定制生成，暂不可随意生成。

系统中的数据资源服务以HTTP方式发布并供外部调用。HTTP是互联网上应用最为广泛的一种网络协议,用于从服务器传输超文本到本地的传输协议,从而实现各类应用资源超媒体访问的集成。

(3)数据挖掘应用

数据挖掘应用功能主要是基于本系统所汇聚和管理的数据,通过聚类、机器学习、关联规则挖掘等分析工具,针对不同的应用场景进行数据的深度挖掘分析,深度探索和发现隐藏在海量数据之中的模式、规律和关系,从低价值密度的数据萃取高价值密度的知识,以辅助设计决策,体现大数据的核心价值。

数据挖掘应用功能包括选择应用场景、场景数据输入、数据挖掘分析、结果数据展示四个子功能。可直接浏览选择应用场景,也可通过场景类型和场景名称查询搜索目标应用场景,每个场景也都有对应的说明描述。在选择应用场景后,可根据场景要求输入关键要素数据,以便进行数据分析。在确认选择的应用场景和输入的要素数据无误后,可开始进行数据的挖掘分析,挖掘分析的过程在后台执行,页面上会显示当前进度。数据挖掘分析完成后,得到的结果数据会展示在页面中,并以可视化图表的方式进行直观的展现。

数据挖掘服务流程如下。

①对业务进行分析,明确业务的要求和最终目的,并将这些目的和要求与数据挖掘的定义以及结果结合起来,以此确定数据分析的目的和评价标准。

②在明确系统中存在哪些数据的基础上,提取与数据挖掘任务相关的数据。数据的获取过程可以多样化,根据某一关联提取一组数据做样本,充分分析和处理这组数据,找到数据的特征和规律之后再陆续地提取所需要的所有数据。

③对获取的数据进行验证,选出需要进行分析的数据,去除不符合要求或有严重缺失的数据,检测异常数据,完成对数据的清洗。

④作为数据挖掘的核心内容,根据分析目的和数据的特点选择合适的建模方法和算法,例如,聚类分析方法、关联分析方法、预测分析方法等,然后根据实际业务环境构建数据挖掘所需的分析模型。

⑤利用样本数据检验模型执行的效果。

⑥以评价标准和统计检验方法来判别模型的准确性和优劣性，并根据评估结果返回数据挖掘最初的阶段，对业务需求分析、数据获取、数据清洗、数据交互、建模过程进行重新的修正和梳理。

⑦模型经过验证与评估后完成了对自身参数的调整，能够在模型检验过程中得到较好的结果，并将优化后的模型作为数据挖掘实际操作时采用的模型。

⑧模型建好之后，利用模型解决实际问题，将其发现的结果以及过程组织成为数据挖掘报告。根据报告重新评估模型，必要时完成模型的进一步优化。

5.3.3　基础服务设计

1.数据存储模块

数据存储模块主要分为结构化数据存储和非结构化数据存储，为不同类型的数据提供高效的存储方式，为后续的数据分析提供数据查询、数据浏览、数据更新和统一的数据访问接口。

半结构化数据是结构化数据的一种形式，它并不符合关系型数据库或其他数据表的形式关联起来的数据模型结构，但包含相关标记，用来分隔语义元素以及对记录和字段进行分层。对于半结构化数据，通常是转化为结构化或非结构化数据来存储。转化为结构化数据，查询统计比较方便，但不能适应数据的扩展，不能对扩展的信息进行检索。还可以用 XML 格式将半结构化数据保存，能够灵活地进行扩展，但查询效率比较低。

(1)结构化数据存储

结构化数据主要指的是数据库数据，最终以表的形式存储，这里为结构化数据提供统一的管理。结构化数据存储功能主要有结构化数据存储浏览、结构化数据存储编辑、结构化数据存储查询三个子功能。结构化数据存储浏览可查看当前所有已管理的结构化数据存储信息，包含编号、名称、载体、说明等。结构化数据存储编辑可新录入结构化数据存储信息，也可以修改编辑当前状态等内容，对结构化数据存储进行管理维护。结构化数据存储查询可通过存储名称、存储编号、当前状态等对已有结构化数据存储进行查询。

(2)非结构化数据存储

非结构化数据包括所有格式的办公文档、文本、图片、XML、HTML、各类报表、图像等，非常适合用分布式文件系统(HDFS)进行存储。HDFS适用于非结构化数据的存储，具有很高的数据吞吐量。HDFS将大量数据分割成许多64 MB的数据块(也可以自定义)，存储在分布式集群的数据节点中，同时会以多副本的形式保存同一数据块，容错性较高。当数据量持续增加时，HDFS能够通过在分布式集群中增加数据节点的方式提高其扩展性。对数据采取分布式存储的方法，可以提高数据访问效率，进行大规模数据批处理时具备极佳的性能。

非结构化数据存储功能主要有非结构化数据存储浏览、非结构化数据存储编辑、非结构化数据存储查询三个子功能。非结构化数据存储浏览可查看当前所有已管理的非结构化数据存储信息，包含编号、名称、载体、说明等。非结构化数据存储编辑可新录入非结构化数据存储信息，也可以修改编辑当前状态等内容，对非结构化数据存储进行管理维护。非结构化数据存储查询可通过存储名称、存储编号、当前状态等对已有非结构化数据存储进行查询。

非结构化数据存储数据库是建立在Apache HBase基础之上的，融合了索引技术、分布式事务处理、全文实时搜索等多种技术在内的实时NoSQL数据库，可以高效地支撑非结构化数据的存储和检索。

2.数据获取模块

数据获取模块是平台对底层业务数据管理系统数据进行获取的过程，是数据生命周期的第一个环节，通过接口方式获得结构化和非结构化数据类型的海量数据。功能分为数据获取和运行日志两个功能。

(1)数据获取

数据获取主要负责将业务数据库的数据定时获取到大数据管理与分析系统的分布式存储中。系统首次运行时，需要将所需的相关业务数据进行提取，以后则定期增量获取。

数据获取功能主要有数据获取实例管理、数据获取实例查询、数据获取实例运行三个子功能。数据获取实例管理可新建数据获取实例，也可以修改编辑数据获取实例的获取方式、获取周期等内容，对数据获取实例进行管理维护。数据获取实例查询可查询并查看当前所有已管理的数据获取实例。

大数据管理与分析系统以数据获取实例的方式实现对数据获取的管理、查询和运行。一个数据获取实例对应一种数据的获取，对应一个数据获取接口，是大数据管理与分析系统对数据获取活动或行为的一种抽象定义。

系统首次运行时可根据实际情况将一定范围内的数据一次性全量获取，之后系统运行过程中，大多采用周期性自动获取数据的机制。也可根据实际需要，设置某些数据获取为人工操作方式。

自动获取数据的机制是，在设置数据获取实例的获取周期后，系统会在应用服务器上启动一个后台定时任务，定时任务可在设置的间隔后运行数据获取实例，数据获取完成后，定时任务进入休眠状态并开始计时，直至时间达到设置的间隔后再次运行，依此周而复始不断循环。

定时任务由Java中的Quartz实现。Quartz是一个完全由Java编写的作业调度框架，为在Java应用程序中进行作业调度提供了简单且强大的机制，允许开发人员根据时间间隔来调度作业。

大数据管理与分析系统不直接从各业务系统获取数据，而是通过与业务集成平台接口获取或返回数据。与业务集成平台的接口采用WebService的方式。WebService跨平台、跨语言，支持多种发送接收协议，在保证安全的基础上可以高效地在不同的系统之间进行数据的传输。

大数据管理与分析系统主动发起数据获取的请求，调用业务集成平台已发布的WebService服务中对应的数据接口，业务集成平台接收到调用请求后，会先识别并解析请求，通过内部流转从存储中获取目标数据，然后将目标数据转换为XML格式的请求结果，并由WebService接口返回请求结果给大数据管理与分析系统。大数据管理与分析系统解析请求返回的XML格式结果数据，并最终存入大数据集群的存储。

通过WebService接口经业务集成平台获取的数据，会先存入大数据集群的临时库，在后台执行数据的清洗操作后，再将清洗后的数据存入正式库。

(2)运行日志

数据获取的过程一般是在后台进行,需要通过运行日志来记录系统实际运行数据获取的时间及内容等信息,查看数据获取的运行状态,以便发现和处理运行不正常的数据获取,避免数据错漏的情况。

可通过日期范围等信息,查询并查看过滤后的数据获取运行日志数据,对于运行异常的日志信息进行突出显示。

在通过接口从集成平台获取数据的过程中,将日志信息存储至数据库。当数据获取出现异常时,可自动采集错误信息,并根据异常信息的级别和种类,向运行维护人员发出报警。

在大数据管理与分析系统运行数据获取实例时,应用服务器会调用业务集成平台已发布的 WebService 服务中对应的数据获取接口,并将调用接口的相关日志信息存入数据库;业务集成平台处理数据获取请求后,通过数据获取接口返回目标数据给应用服务器,应用服务器在接收到返回结果时,会将接口返回结果的相关信息生成日志并存入数据库。

当用户需要查看运行日志时,应用服务器会直接获取存储在数据库中的日志信息,然后在运行日志子功能中以表格等方式展现给用户。

5.3.4 支撑平台设计

支撑平台为上层应用系统提供统一的安全管理、开发环境、构件化的工具服务支撑,主要包括应用支撑平台(操作系统、数据库)、数据分析引擎及其核心算法等,同时支持用户管理、场景分析、数据分析、运行监控等多项数据应用支撑。

1.支撑组件设计

大数据管理与分析系统的支撑组件包括数据存储、数据挖掘等组件,它们是系统构造过程中用到的组件。组件的单独提出,目的是将组件作为构造系统的“零部件”,以获得更大的灵活性。

(1)数据存储组件

数据存储组件基于面向主题的、集成的、支持管理决策的数据仓库,提供非结构化数据、半结构化数据以及结构化数据的存储,为不同类型的数据提供高效的存储方式,为后续的数据分析提供数据查询、数据浏览、数据更新和统一的数据访问接口。同时,数据存储组件支持连接数据库，提供完整的SQL支持，兼容通用开发框架和工具。组件设计了基于内存的列式存储引擎把数据在内存中做列式存储，辅以基于内存的执行引擎，可以完全避免输入输出带来的延时，极大地提高了数据扫描速度。数据存储组件支持高可用性，通过一致性协议和多版本来支持异常处理和灾难恢复。在异常情况下，组件能够自动恢复重建所有的表信息和数据，无须手工恢复，从而减少开发与运行维护的成本，保证系统的稳定性。

数据仓库使用常见的数据库对象，包括数据库、表、视图和函数，执行SQL语句以写入。对数据库对象的元数据保存在数据仓库的元数据管理中心中，而数据库对象内的数据可以存放在常见的存储介质中，如内存、硬盘、HDFS（TEXT表/ORC表/CSV表）。

数据仓库支持标准的Java数据库连接（Java database connectivity，JDBC），访问数据仓库时需要选择合适的驱动以编写平台服务、应用程序。数据仓库同时支持和无须认证的数据仓库进行交互、和认证的数据仓库进行交互、和轻型目录访问协议（lightweight directory access protocol，LDAP）认证的数据仓库进行交互。数据仓库提供了标准的API方法，访问数据仓库时需要选择合适的驱动以编写平台服务、应用程序。应用程序通过ODBC来从数据仓库获取数据，数据仓库会相应地和驱动管理通信。此时，应用程序无须知道数据存储的方式和位置，也无须知道系统如何获取数据，应用程序只需知道数据源名称。

（2）数据挖掘组件

数据挖掘组件集成了丰富的可用于数据分析的算法。在读取数据仓库中已存储的数据后，可完成包括数据预览、数据预处理、建模（分类、聚类、回归等）以及模型部署等能组成整个数据分析流程的功能。数据存储组件为数据挖掘组件提供有效的存储、索引和查询处理支持。分布式技术也能帮助处理海量数据，运用高性能（并行）计算的技术处理海量数据集，并且当数据不能集中到一起处理时利用数据仓库提供集成挖掘运算。挖掘历史数据中数据间的关联关系，并结合具体的设计与评估过程将这种相关关系转化为具有实际意义的设计知识，最后在设计人员需要的时候提供给他们。

预处理是实现源数据转化为业务需要的目标数据的数据交互过程。数据交互是根据业务需求在元数据模型的指导下完成数据映射的过程，此过程通过实现数据结构之间的映射，指导在设计、试验、评估等业务之间数据的交互，实现多系统节点的数据交互。

分类是将不同对象个体划分到不同的组中。分类根据训练数据集合，结合某种分类算法，提供一个对象后可以根据它们的特征将其划分到某个分组中。决策树算法是分类中的经典算法，决策树的每一层节点依照某一确定程度比较高的属性向下分子节点，每个子节点再根据其他确定程度相对较高的属性进行划分，直到生成一个能完美分类训练样例的决策树或者满足某个分类终止条件为止。

聚类可以研究数据间逻辑上或物理上的相互关系的方法，其分析结果不仅可以揭示数据间的内在联系与区别，还可以为进一步的数据分析与知识发现提供重要依据。聚类的原理是根据样本自身的属性，用数学方法按照某种相似性或差异性指标定量地确定样本之间的亲疏关系，并按照这种亲疏关系程度对样本进行组合完成聚类。系统中聚类分析采用的算法主要为 K-means 算法、混合高斯、快速迭代和线性判别分析算法(linear discriminant analysis，LDA)等，可以根据数据的类型和特点选择适合的算法进行分析，挖掘出有用的信息。

2.平台服务设计

大数据管理与分析系统的功能实现对应了不同的平台服务，包括数据分析服务、应用场景服务和运行监控服务。同时针对数据处理流程来说，大数据管理与分析系统与业务之间的支撑关系又可以描述为数据获取、数据交互、数据预处理、数据挖掘和场景应用几大模块。

(1)数据分析服务

平台提供数据分析服务，在本系统中支持对数据处理后的结果进行精准描述和优化展示，以提供数据处理、分析为重点，提供数据库的设计与查询优化，信息检索、XML 数据管理、数据挖掘等服务。

数据库的设计与查询优化是根据不同的数据量和访问量，来设计不同的数据库架构，如结构化数据存储在结构化数据库当中、半结构化数据存储在半结构化数据库中。非结构化数据存储在非结构化数据库中，再由数据仓库通过 SQL 命令统一调配,保证数据库中各种数据新增、更新、删除、查询的快速性和有效性。

信息检索包括结构化、半/非结构化数据检索以及元数据检索;根据用户需要,采用一定的关联规则,从数据仓库各个类型数据库中找出所需要的信息。提供各类型数据按一定的方式进行加工、整理、组织并存储起来,再根据用户特定的信息需要将相关信息准确地查找出来,从而实现高效、精准的信息检索服务。

从业务集成系统获取 XML 数据后,提取可用的详细数据用于数据分析。平台提供 XML 数据管理服务,支持对 XML 格式文档进行存储、查询,提取数据用于数据分析,以获取 XML 数据间的关联规则。同时,用户可以对数据库中的 XML 文档进行查询、导出和指定格式的序列化。

数据挖掘则根据不同目的建立不同的流程模型,以分布式技术处理海量数据,运用高性能(并行)计算的技术处理海量数据集,并且当数据不能集中到一起处理时利用数据仓库提供集成挖掘运算。

(2)应用场景服务

平台为多个场景提供服务,旨在快速构建更稳定、安全的项目使用环境,减少在运维、管理、应用开发等方面的问题,使用户更专注于业务层面服务应用。

(3)运行监控服务

平台提供运行监控服务,它是建立在大数据平台管理和监控模块之上,对整个平台的运行状态进行实时分析。平台提供管理界面可以在浏览器中安装、部署、监控和管理整个大数据平台。在统一的分布式存储之上,数据平台提供统一的资源管理调度、完备的权限管理控制,平台通过结构化数据库和非结构化数据库结合的数据仓库,提供基于 SQL 的高并发的查询以及分析能力。平台提供实时的流处理能力,接收实时数据流,做到数据不丢不重,提供类似于批处理系统的计算能力、健壮性、扩展性。此外,平台提供群集范围内的节点运行和服务的实时视图;提供了一个单一节点的中央控制台;提供制定配置的更改和全范围的报告和诊断工具来优化性能和利用率;可以实时报警异常情况。

运行监控服务采用图形化管理应用程序。通过可视性操作界面来控制 Ha-doop 集群，可以轻松地部署、安装、监控和集中操作整个平台。运行监控服务支持管理控制台、Web 服务器和应用程序逻辑。同时实现安装软件、配置、启动和停止服务，以及管理在集群运行的服务的一体化操作，用户可以清晰地按照需要管理平台中的每一部分。

第6章　多数据分析方法集成的复杂系统设计技术

6.1　多数据分析方法集成的复杂系统体系结构建模与设计

6.1.1　复杂系统体系结构

体系结构最初源于建筑学，表示建筑物与其他相关物理结构的艺术和科学，物理结构的艺术和科学，此后逐步被应用于系统工程、计算机等多个领域。在计算机科学领域中，电气和电子工程师协会（Institute of Electrical and Electronics Engineers，IEEE）将装备体系结构定义为："系统的基础组织，该组织包含各个构件、构件互相之间的关系以及与环境的关系，还有指导其设计和演化的原则。"计算机领域的体系其实更多是指同一个系统下的组件、组件关系的一种计算模式结构，不具备体系的涌现性等特性。20 世纪 90 年代，钱学森、于景元和戴汝为等联名在Nature上发表论文提出了"开放复杂巨系统及其方法论"。该方法提出了复杂系统的种类和关联程度分类法，主要是根据体系相关的子系统、子系统种类以及系统之间的关联程度对复杂系统分类。而所述的复杂巨系统其实就是当今常说的体系（system of system，SOS），所述的体系是指由多个相互关联又能独立运行的子系统组成的超系统，或者是为了达到某一核心目的将多个子系统进行组织和关联，达到性能涌现目的的复杂系统，所以区别于体系和系统的方法在于体系的涌现性、子系统独立性和整体的复杂性。体系具有的一般特性见表 6-1。

表 6-1　体系特性表

序号	体系特征	简介
1	开放性	体系无明显的边界，可分为多个独立运行的子系统，又可作为整体与外界进行物质、能量和信息的交换

(续表6-1)

序号	体系特征	简介
2	非线性	体系之间的系统关系是非线性的,不能用简单的线性关系来描述
3	层次性	体系在宏观上具有明显的层次性,即体系高层指标决定着底层子系统的组成,底层子系统之间的组成关系又直接决定高层体系的性能和效能。特别是在军事装备体系领域,组成体系的各个子系统之间分工明确,功能/职能划分明确,能够达到量变引起质变的目的
4	涌现性	涌现是指多个子系统组合之后产生"1+1>2"的效果,即子系统集成之后产生的性能大于所有子系统性能之和
5	独立性	组成体系的各个子系统可作为单个系统使用,即各个系统相互独立
6	相关性	子系统之间是松耦合关系,即当某一个子系统发生作用时,只会触发与之关联的其他子系统,其他与之无关联的系统可能不会随之改变,而是根据实际需求进行调度和使用,实现整体体系性能/效能最大化
7	动态性	体系具有目的性较强的特征,即在某一特定的目标下组成特定的体系,根据目的可进行动态的变化。同时对于存在故障和损坏退出的子系统会有新的子系统进行递补,实现体系的动态演化
8	分布性	体系的分布性是指时间和空间的分布性,各个子系统之间在时间和空间上的分布差距较大,但是子系统之间可通过信息传输介质实现交互
9	适应性	体系所具备的演化特性使其能够根据外界环境和条件的变化来改变自身情况去适应新的需求,并通过不断积累"知识"和"经验",使体系能够更适应新的需求,同时体系的适应性使体系能够不断演化成性能更强的体系

随着社会的进步和技术的迭代,原有的单个系统已经不再能够满足某些巨型任务需求,需要多个系统之间集成和配合,应运而生的装备体系结构刚好能够满足此需求。特别是在航天、电力、防空、交通等领域,每一项巨大的复杂工程的每个环节的元素都深刻影响着整个系统的性能和效能,如果不提前对系统进行规划和设计,将会导致后期成本增加或者项目超期,甚至是项目失败。如美军的未来作战系统(U.S.Army's Future Combat System)项目和美军的海岸防御的深海作战防御系统(U.S.Coast Guard's Deepwater System),都因为设计阶段的缺陷和缺乏

有效的管理过程导致项目超预算或超时。在经济不景气的状况下，上述的失败项目加剧了美国对超大项目的成本和周期的管控，从而增加了超大项目开发的压力。

在国防领域，武器装备体系具有需求多样性、涉及地域范围广、对抗性强、影响因子多、子系统之间的关系复杂和子系统之间独立运行等特性，此外还具有体系所具有的演化涌现性、结构动态性和行为多样性等特性。在武器装备体系设计中，体系设计主要包括两个方面：一方面是对于武器装备体系及其配套系统的设计、规划和部署，通过对未来存在的作战想定任务进行推演、态势评估和分析，采用军事运筹学、系统工程学和军事理论等支撑武器装备体系的设计；另一方面是对所设计的武器装备体系进行效能/性能的评估和分析，主要是采用体系建模仿真、数据挖掘、专家经验、既定规则等对所设计的武器装备体系进行评估和分析，实现对未来武器装备体系的性能和效能的预测和分析，挖掘各类武器装备指标对总体装备能力的影响等，从而指导武器装备体系的设计和改善。体系设计有利于国家对重大武器装备体系和相关子系统的发展规划，促进国家完成基本战略武器装备的配备，为未来武器装备的研制和开发提供指导性的意见。

传统武器装备的开发主要是高层根据基层所提出的需求确定武器装备开发和研制任务，对装备体系进行开发，该方法能够满足基层对于武器装备的需求，但是容易造成装备功能冗余、重复开发和体系内部装备武器无法集成等问题，同时高层无法根据宏观政策方面对武器装备的设计和开发提出指导性意见。2003年，美国首次提出了集成与开发系统(joint capability integration and development sys-tem，JCIDS)，该系统提出了武器装备体系的“自上而下”的开发方法，旨在从高层概念设计开始，从全局规划整体作战需求，然后逐级分解到最后具体装备的具体开发。首先根据国家安全战略和装备发展的联合分析生成未来可能的作战概念，然后再基于作战概念设计集成装备体系结构并逐步分解为具体的装备，最后通过对武器的战技指标、所执行的任务及其对于任务的完成能力等进行测试、评估和优化，实现装备体系的设计。

6.1.2 复杂系统体系结构框架

装备体系结构框架是一种标准的装备体系结构建模方法和过程，它通过统一的标准来保证装备体系结构的集成、比较和理解，即装备体系结构框架设计了装备体系结构的标准规则和规范，从多个视图角度和多个层次描述装备体系结构相关的内容，将复杂的问题划分为多个便于管理的模块，使得利益相关方对整个体系有宏观把握的同时，也可以关注体系特定的微观方面。

1987 年，约翰 · 扎科曼(John Zachman)提出了以六个疑问词(5W1H)为基础的企业架构设计方法论，在一个二维分类的矩阵下对不同视角下的同一体系进行高度结构化和形式化的描述。Zachman 框架被认为是企业结构理论中最经典的框架之一。出于国际上对于武器装备联合作战的重视和体系化战争的需求，美国国防部于 1996 年提出了 C4ISR 框架(计算机、控制、指挥、控制、通信、情报、监视及侦察)，在为国际军事作战信息化方面迈出了重要的一步，之后在改进第一版框架的基础上又提出了 C4ISR 2.0 版本。为了突破信息化体系架构的局限，2003 年，美国国防部提出了 DoDAF 1.0 版本，该版本不再局限于信息化体系架构，而是针对所有具有以任务导向的体系系统都可用 DoDAF 1.0 的方法论来进行建模和分析，强调以三大视图(作战、技术和系统)角度对体系进行建模。2007 年，美国国防部提出了 DoDAF 1.5 版本，该版本强调以网络为中心的概念，在体系设计过程中强调网络为中心。

为了强化国防体系架构在体系作战中的应用，美国国防部于 2009 年提出了全新的国防体系架构 DoDAF 2.0 版，该版本在改进和扩展第一版的三大视图的基础上形成了 8 种视图(全视图、数据与信息视图、标准视图、能力视图、作战视图、服务视图、系统视图、项目视图)。并且 DoDAF 2.0 开始看重数据的作用，强调“以数据为中心”，将其作为体系设计和决策的依据，最后形成了 8 个不同角度的系统视图和 52 类产品模型。同时 DoDAF 2.0 还基于“以数据为中心”的概念提出了元数据模型(DoDAF Mata-model，DM2)，用于在更细一层的维度上描述组织语义相关数据概念和具体的数据通用分类，并利用形式化的本体描述方法(inter-national defense enterprise architecture specification，IDEAS)定义了重要数据的基本属性和关系。所以 DoDAF 2.0 可以描述为以视图定义体系作战活动、IDEAS 定义数据关系和属性、DM2 描述元数据装备体系结构框架方法。

参考美国国防部所提出的 DoDAF 装备体系结构框架，其他国家也开始研发其相应的国防体系架构，如加拿大的 DNDAF、英国的 MoDAF 和北约的 NAF 等。中国在国防体系架构方面也进行了深入的研究和探讨，如基于 DoDAF 的防空兵指挥信息系统作战装备体系结构设计方法和基于 DoDAF 和 IDEFO 的作战装备体系结构建模方法等。

6.1.3 以元数据模型为中心的体系设计与建模方法

本小节介绍以元数据模型为中心的体系设计与建模方法，主要分为以下几个主要过程：首先根据使命任务概念逐级分级形成多级的指标关系从而完成初步的装备体系结构设计；然后利用统一标准的六个疑问词"5W1H"来对元数据模型的不同方面进行描述，消除模型构建过程中的语义二义性和模糊性；同时为了采用统一的产品模型视图对模型进行不同角度的描述，利用 DoDAF 2.0 的三个标准视图来实现向产品模型的转化，最后通过 DM2 的元素关联关系构建了从元数据模型到仿真可执行模型的映射标准，实现了仿真可执行模型的构建。

1.基于指标关联逐层分解的装备体系设计方法

在体系设计过程中，一般是基于所设定的使命任务概念分解成具体的任务(如侦查任务、指挥任务、拦截打击任务等)，然后再根据所给定的具体任务安排所设定的满足该使命任务的能力(如侦察预警能力、指挥控制能力、拦截作战能力等)，获得作战能力之后根据所设计的能力来给定完成该能力所需要的节点(即作战的步骤、活动)，在节点的基础上去确定满足该作战节点活动的功能，最后再根据功能来选择拥有该功能并且性能较好的装备，实现从使命任务到装备体系的设计。故针对装备体系结构设计过程中所存在的"任务—能力—节点—功能—系统"之间的关联关系，提出了基于指标关联逐层分解的体系设计方法。即通过各个设计过程中的指标之间的关联关系逐步确定各级指标，最后完成武器装备的选择的过程。

基于上述的指标关联的逐层分解关系，能够完成从使命任务到武器装备系统的选型，通过进一步计算具体的指标值，即可完成具体装备型号的选择和相关参数的确定，从而完成整个武器装备体系的设计。但是，由于各个指标节点之间不是简单地逐层分解，而是也有可能存在某种聚合关系，如在能力层中侦察预警能力、指挥控制能力和拦截打击能力到下一层节点中，都会聚合到指挥决策节点上，表示上述的能力都应该由指挥决策来根据实际的战场态势做出决策，从而构成指挥决策节点，所以基于指标关联武器装备体系设计方法在一定程度上需要有长期设计经验的专家通过对所设计的武器装备体系进行总结和提升，从而得到一套完善的武器装备体系的指标逐层分解关系。

2.基于“5W1H”的装备体系结构元数据建模方法

模型驱动装备体系结构（MDA）和元对象设施（MOF）的对象组织管理定义认为：“系统的模型都可以用四层元模型表征”，即元元模型、元模型、模型和对象。其中元元模型用于定义元元模型层的语义描述和数据结构；元模型层用于定义元模型的语义描述和数据结构；模型层是描述实例对象层的语义描述和元数据结构，是对现实存在的实体对象的一种抽象描述；对象层表征客观存在的实体，描述了实体的数据和模型元素。所以元模型是对实际对象的一种抽象和提升，通过简化地描述对象之间的关联关系和运行规则等，可利用其对复杂系统进行建模和表征。

根据上一节所提出的基于指标关联的逐级分解的设计方法，在完成基本设计之后需要进一步将模型转化为通用的可读模型。同时为了消除模型设计过程中的语义二义性和模糊性并且对模型进行形式化的描述，促进利益相关方的沟通、交流和达成共识，参考 DoDAF 2.0 所提出的六个疑问词“5W1H”用于描述装备体系结构模型的元数据，将其作为装备体系结构模型元数据的通用表达形式，即“WHERE”“WHAT”“WHEN”“WHY”“WHO”“HOW”。其中“WHERE”表示位置，“WHAT”表示资源，“WHEN”表示时间，“WHY”表示规则，“WHO”表示执行者，“HOW”表示活动。针对所有的装备体系结构模型都可根据上述所提出的疑问词对模型中的元素、元素关系以及规则进行建模，从而在各个利益相关方和设计方达成共识，明确每一项元素所代表的实际意义，进一步地消除了语义二义性和模糊性。活动 HOW 是整个装备体系结构模型的中心，这也刚好符合了在作战过程中都是以活动作为基本的作战驱动模式，时间 WHEN 是驱动活动进行的前提，同时可根据时间来选择具体的作战规则，体现了在不同的时间选择不同的规则 WHY，同时规则 WHY 指导活动的进行，在活动过程中将会消耗/产生资源 WHAT，执行者 WHO 是活动动作的发起者，位置 WHERE 表示活动发生的地点、执行者和资源所处的位置。

在装备体系结构建模中，一般的资源 WHAT 包括侦查预警系统、指挥控制系统、信息保障系统、拦截/打击/防御系统等，它们是模型中的主要建模对象；活动 HOW 包括拦截作战活动、侦查探测活动和指挥决策活动等，主要在节点层体现；规则 WHY 包括作战过程中的作战规则、量化指标计算规则以及平时日常子系统运行规则等；时间 WHEN 包括预警时间、指挥决策时间、作战持续时间等，主要包括绝对时间和相对时间；执行者 WHO 包括作战执行人员、指挥人员、信息保障人员等利益相关方；位置 WHERE 包括作战目标位置、资源位置、执行者位置等与经纬坐标相关的绝对位置和局部战场环境的相对位置等。

元数据模型主要围绕装备体系结构相关实体要素、实体之间的关系以及实体和关系的属性对数据结构进行建模，其中实体要素是指装备体系结构模型中所包含的重要实体，是主要的装备体系结构数据对象；实体之间的关系主要是指存在信息、资源、需求等交互和关联的实体关系；实体和关系的属性是指实体所具备的性能指标、系统总体属性指标等和实体、关系之间相关的属性，是元数据指标计算的重要组成。为了进一步地明确装备体系结构元数据的实体要素、实体之间的关系以及实体和关系的属性，考虑到一般装备体系结构元数据模型分布在不同的产品模型和视图中，同时装备体系结构元数据的三元关系刚好能和 DM2 概念、关系和属性对应。通过利用 DoDAF 2.0 的不同视图角度对所提出的元数据模型进行建模和分析，同时根据产品模型中的视图描述模型构建多视图的数据结构要素关系，进而明确装备体系结构元数据的要素。为了消除视图的重复性并且提高装备体系结构元数据要素的可读性，将从能力视图、作战(活动)视图和服务/系统视图对基于“5W1H”的装备体系结构模型元数据进行描述，而上述的“5W1H”元素在不同的视图中也具有不同的体现。

在能力视图角度，将从作战能力、能力阶段（CV-3）和能力构想（CV-1）三方面对体系进行描述，以能力依赖关系（CV-4n）作为能力的关系，主要是用于描述“5W1H”中的能力层的内容；在作战视图角度，将作战规则（OB-6a）、作战活动（OV-5b）、作战资源（WHAT）、作战人员（WHO）和作战时间作为基本实体要素，信息流、资源流和作战需求作为作战实体关系，作战性能、时间指标和人员技能等作为作战实体和关系的属性；在服务/系统视图角度，将服务-活动映射（SvcV-5）、服务-系统规则（SV-10a）、服务资源（SvcV-6）、服务-系统（SV-8）、系统物理位置、服务时间跟踪（SvcV-10c）等作为基本实体要素，系统接口（SV-1）、系统-服务关系（SvcV-3a）和服务-系统资源流（SvcV-6、SV-6）等作为实体基本关系，系统性能、服务时间作为相关属性指标。

3.装备体系结构模型与可执行模型映射分析

为了验证所设计的装备体系结构模型的可行性，参考 DM2 的物理交换规范（physical exchange specifications，PES），建立从装备体系结构模型到仿真模型映射的可执行性模型来验证模型可行性，并且为后续模型评估、改进等提供模型和数据基础。建立可执行模型映射标准可根据后续所采用的仿真系统来进行实际情况分析，常用的仿真模型包括对象 Petri 网（object petri net，OPN）、着色 Petri 网（color petri net，CPN）、离散事件仿真模型（discrete event system specification，DEVS）、Extendsim 模型、X-sim 模型等。本书采用 Extendsim 模型作为可执行模型建立的标准，建立基于“5W1H”的可执行性模型并利用 Extendsim 软件进行模型仿真。

在建立“5W1H”元数据模型的基础上，通过从不同的视图视角描述该模型，并且在不同的视图视角考虑具体的产品模型，最后构建从产品模型和装备体系结构中的模型实体、实体关系和属性到 Extendsim 的映射标准，完成从装备体系结构模型到仿真模型的映射。

为了进一步明确体系结构模型到仿真可执行模型的映射，将六个疑问词以及疑问词之间的 DM2 关联关系看作需要映射的元素，并将该元素与 Extendsim 模型的模块进行一一映射。所述的疑问词实体和实体关联关系都代表装备体系结构模型中的多个对象和多种对象关系，最后都抽象为该模型的模块。在建模过程中找到 Extendsim 所对应的元素，实现从高层元数据到可执行模型的映射。通过建立映射能够发现建模过程中的语义不一致性和数据冲突等问题，建立映射标准有利于后期对装备体系结构模型到仿真可执行模型的直接转化。

6.2　多数据分析方法集成的复杂系统综合评估

6.2.1　基于大数据方法的装备体系效能评估

装备体系效能评估是指通过仿真、既定规则、专家知识和数据挖掘等技术，利用装备体系中的各类武器、装备的性能和总体体系的效能指标来评估装备作战能力的过程。装备体系效能评估是体系设计的重要组成部分，对评价装备体系的可靠性、抗毁性、作战效能、装备性能等具有重要意义，装备体系的效能直接决定未来作战体系的作战能力。

对于装备体系评估方法的分类，可参考数据处理方式和评估过程，按照数据处理方法可分为聚合评估和赋值评估；按照评估过程可分为解析评估和对抗评估。其中，解析评估是指基于体系的表征体系效能/性能相关的指标来构建整体评估体系，并基于该体系对体系进行评估，主要方法包括 TOPSIS、SEA 方法、VIKOR、模糊综合评价法、层次分析法(AHP)、灰色关联、ADC 方法等。解析评估在装备体系评估方面有一定程度的应用，但是装备体系的特性(不确定性、复杂性和涌现性)决定装备体系效能评估过程无法建立解析式，所以一般在采用解析法评估装备体系时都会进行简化，在降低算法复杂度的同时也降低了评估结果的置信度。对抗评估包括实战和计算机模拟仿真，对抗评估主要是根据所设计的装备体系进行实际的作战演习或者利用仿真软件对体系进行建模，从而利用结果对装备体系进行评估。仿真试验方法包括拉丁超立方、正交实验、均匀设计等。采用对抗评估所获得的效能/性能评估结果一般可信性都比较高，但是作战演习成本过高，仿真法建模和仿真运行时间都比较长，很难对装备体系进行快速评估。

1.评估指标选择方法

对于装备体系评估来说,不管是解析法还是对抗法都会涉及过多的指标。单个独立的系统就已包含本身的技术指标、性能指标和状态指标等,作为集成了多个子系统的复杂系统,体系评估过程中如果考虑全部的子系统指标和集成后的整体指标,将会产生数据维度爆炸和过多噪声数据的问题。为此,装备体系指标选择成为效能评估有效性的前提和保障,总体来说装备指标选择技术主要包括两个大类别:基于经验(规则)和基于数据分析的选择方法。基于经验的方法主要是指利用已有的专家经验和知识结合一定的数学方法构建整体的效能评估框架,相对来说比较简单并且易操作,但是会存在主观性过强和主要参数丢失的问题,常用的方法包括德尔菲法(Delphi)、产生式规则、决策树、层次分析法(AHP)和ADC法等。陈策等针对指标重要性排序和选择问题提出了结合AHP和ELEC-TRE的装备软件评估方法,从而完成对指标的选择和对装备体系效能的评估;贺波等提出了结合层次分析法和逻辑“与”和逻辑“或”的能力指标聚合模型,解决了能力指标聚合权重设计问题。此外还有很多关于如何利用经验和规则选择指标参数的方法,具体可参考相关装备体系指标选择的综述论文。

数据分析的指标选择方法主要是利用已有的数据进行分析从而选择或重构比较重要的指标参数,该技术消除了个人的主观性因素且准确性较高,但是存在数据计算量大和操作过程烦琐等问题,常用的基于数据分析的指标选择方法包括灵敏度分析、相关性分析和数据降维等。针对原有装备体系包含过多的指标使得模型训练效率低下和数据冗余问题,张乐等提出了一种基于稀疏自编码神经网络的装备体系指标简化方法,通过效能指标数据的约简解决了指标过多的问题;郭圣明等利用复杂网络社团分析和关联分析方法,结合强制稀疏自编码神经网络构建装备体系效能评估形式化地描述了各个指标之间的涌现关系,并分析了装备体系能力指标的生成机理和贡献度,从而完成装备体系能力指标的构建和选择。

2.指标赋值评估方法

通常体系指标具有明显的层次关系,即顶层指标通过逐层分解之后能够获得多个下一级的指标，但是基层的指标一般需要人为赋值，由于体系本身的不确定性和模糊性使得设计人员无法确定精确的数值。所以可采用定性赋值的方法对指标进行赋值（如优、良、中、差），最后基于所给定的值转化为定量指标并归一化之后进行体系评估。为了消除采用人为赋值的方式导致评估过程中个人主观偏好的影响，可采用粗糙集理论、模糊理论或者云重心法来进行主要赋值和评分过程。如张政超等提出了基于属性离散化和粗糙集理论相结合的C3I指标即构建方法，本质上就是将性能指标离散化之后将指标进行线性加权来对系统效能进行评估。项磊等利用模糊理论结合层次分析法对卫星效能进行评估，主要是对卫星观察效果分级并利用层次分析法来进行效能评估。曹琚等提出了基于云重心模型的效能评估方法，旨在将C3I效能指标通过定量转化之后再利用云重心方法进行处理和评估。

另一种常用的指标赋值评估方法是专家打分法，主要是利用领域专家对于某一评估对象进行打分来进行赋值评价。该方法比较简单且易操作，但是比较受限于专家知识经验水平和专家个人主观性。如王鹏等提出了ADC系统效能分析方法，建立了装备体系效能度量准则、度量步骤、度量方法和打分标准，然后以坦克导弹系统为分析案例进行分析和计算说明了该方法的有效性，但是该模型只适用于特定的反导弹武器系统，对于大型的装备体系和较复杂的系统便不再适用。郭齐胜等从需求方案、论证工作、论证团队等三个维度构建了装备体系效能指标，进一步地利用Delphi法和层次分析法对该体系效能进行分析，但是该方法只给出了具体的指标构建方法，后期还需要利用人为的赋值方法对指标值进行量化和分析。

麻省理工学院信息与决策实验室李维斯（A.H.Levis）等人于20世纪80年代提出了系统效能分析法（system effectiveness analysis，SEA），表征“系统与使命的匹配程度”，或者叫作完成使命所给定的目标的接近程度。该方法通过在公共空间中构建系统轨迹和使命轨迹来计算其效能，难点是如何建立空间中的超立方体来表征系统运行轨迹和使命任务轨迹。针对轨迹表征问题和SEA法的细节表现缺陷问题，齐玲辉等人提出了改进的超盒数值算法，求解高维空间中使命任务轨迹并分析战术导弹系统的效能。但是对于更高维度的轨迹生成问题来说超合数值算法就不一定适用。为了解决空间轨迹建立问题，赵新爽直接不考虑具体的轨迹问题，而是建立反映系统效能的性能量度（MOP）标准，将系统轨迹和任务轨迹分别映射到性能量度标准上，从而避开了超立方体空间的轨迹构建难题，并且能够采用精确的数值来对效能进行评估，为基于 SEA 法的效能评估提供了新的思路。

3.指标聚合评估方法

指标体系聚合评估方法是指根据底层的指标逐步聚合到最顶层单一指标来表征某一项效能指标的方法。常用的方法包括线性/指数加权、回归分析、层次分析法和神经网络等。此外，随着大数据技术发展和效能评估数据的积累，基于机器学习技术的效能评估方法也逐步被广泛采用，其本质上也是一种指标聚合方法，不管是分类、聚类还是回归，都是最终根据学习模型得到聚合的某一项指标，故本质上也可以算是一种体系指标聚合评估方法。

传统的指标聚合评估方法长久以来都广受评估专家的欢迎，主要是因为其相对于指标赋值评估方法更具有客观性且结果更精确。层次分析法在 20 世纪 80 年代由匹兹堡大学的 Satty 教授提出，作为一种决策方法在各领域被广泛应用，主要过程为通过构建指标重要度矩阵，利用专家打分来获得两两指标之间的相对重要性分数，最后通过一致性检验等步骤获得指标的重要性排序。董彦非等利用 AHP 对超视距空战能力和视距内空战能力相关指标的评估从而完成对空战模型的评估。王锐等针对战斗机效能指标的评估问题，提出了幂指数法和模糊层次分析法结合的分析方法并用实例说明了该方法的有效性和实用性。层次分析法比较简单易行，并且处理效能评估过程较为精确，但是层次分析法在指标重要度构建过程中也会需要一定的专家经验和知识对其进行赋值，在一定程度上也会引入主观因素。此外神经网络、回归分析和线性/指数加权也是比较常用的效能评估方法。如史彦斌等采用 ADC 模型构建了防空导弹武器系统效能指标体系，并利用 BP 神经网络实现对防空导弹的效能评估，降低了个人主观性对效能评估的影响。周燕等根据低空防空武器系统的特点构建了效能评估指标体系并训练了三层 BP 神经网络效能评估模型,为开发和研制新型防空导弹提供了新思路。除了神经网络之外,回归分析和线性/指数加权也被广泛应用,具体可参考相关文献。

随着空天一体化、无人化、网络化和体系化等新作战模式的应用和大数据、人工智能等新技术的发展,结合大数据、人工智能技术的效能评估方法正逐步被采用,该方法相对于传统方法具有结果更精确、更智能的特点,但是相关大数据、人工智能技术对数据量级的要求较高、模型训练时间较长。考虑到武器装备体系信息化的进程,未来大数据、人工智能技术必成为效能评估的有效方法。同时由于越来越多的作战模式强调网络化,结合复杂网络分析技术和人工智能技术的效能评估方法是现阶段的研究热点,该技术能够考虑体系网络演化的涌现性,同时采用关联分析和社团分析技术,使得体系指标的复杂关联机理能够逐步被明确。如郭圣明等所提出的强制自编码神经网络的态势评估方法,在利用复杂网络社团分析技术和数据挖掘关联分析方法的基础上,明确了指标体系之间的复杂关联机理并且利用网络形式化地描述了指标之间的级联涌现关系,最后采用了神经网络的方法对战场态势进行了评估。胡晓峰等同样利用复杂网络技术对网络化作战体系进行建模,采用大数据技术构建了基于时间序列相关性的动态效能指标网络,实现了对体系效能的动态评估和监测。任俊等利用了堆栈降噪自编码神经网络与支持向量回归机的混合模型解决了高维噪声小样本数据准确性不高的问题,然后利用源域大数据样本完成对堆栈降噪自编码神经网络模型预训练,最后再利用迁移学习将其应用到高维噪声小样本数据的效能预测,通过与传统的支持向量回归模型的对比说明了该方法的有效性和精确性。

6.2.2　基于改进集成方法的体系评估指标预测方法

本小节首先采用皮尔逊相关系数计算各个指标与效能结果之间的重要度并且对结果进行排序,然后对比基于仿真实验设计所得到的重要度,说明数据分析方法的有效性;在具体的效能评估模型方面,本小节提出了一种基于引导聚集算法(bootstrap aggregating,Bagging)数据分割和以支持向量回归(support vector re-gression,SVR)和 CART 回归模型为基础学习器的 Adaboost 集成学习方法,从而替代仿真过程对体系效能进行预测。

1.指标重要度分析方法

指标重要度分析和筛选是效能评估的前提,一个完整的装备体系结构模型会涉及几百甚至上千个参数,如果将所有参数全部考虑到体系效能评估过程中,将会导致数据维度灾难,对模型的计算复杂度、整体评估效果和效率都有极大的影响。为了提高效能评估效率,降低评估过程中的数据维度,参考数据分析中的数据降维和特征选择方法,通过指标重要度分析来提取部分关键指标和消除指标冗余,从而提高效能评估效率。

效能评估一般是根据某一项评估指标来确定与之相关的体系性能参数,由于效能评估指标的不同,所选择的体系性能参数重要度分析方法也不同,主要包括连续重要度分析和离散重要度分析。常用的连续重要度分析方法有皮尔逊相关系数、余弦相似度和协方差等,常用的离散重要度分析方法包括 Jaccard 系数、信息熵等。

连续分析指标中,皮尔逊相关系数主要是用来对比两个定距变量之间的线性关系;而余弦相似度用于计算两个向量之间的余弦距离作为其相似度量的标准;协方差用于衡量两组数据与其均值之间偏离的大小。本书将以皮尔逊相关系数为计算依据,来对指标进行重要度分析,主要是两组数据的协方差除以两组数据的标准差,其中皮尔逊相关系数计算的主要公式如下:

$$\rho_{A,B}=\frac{\operatorname{cov}(A,B)}{\sigma_A\sigma_B}=\frac{E((A-\mu_A)(B-\mu_B))}{\sigma_A\sigma_B}$$

$$=\frac{E(AB)-E(A)E(B)}{\sqrt{E(A^2)-E^2(A)}\sqrt{E(B^2)-E^2(B)}} \tag{6-1}$$

式中,$\operatorname{cov}(A,B)$是数据 A 和数据 B 之间的协方差,μ 和 σ 分别表示均值和方差,E 表示数据的期望。皮尔逊相关系数的取值范围为$[-1,1]$,当系数小于 0 时表示两个指标之间负相关,大于 0 时表示正相关,越接近于 0 表示相关性越小,越接近于 ±1 表示相关性越大。基于皮尔逊相关系数的指标重要度分析方法主要过程如下。

①确定初始指标:建模人员根据自身经验结合仿真实验和仿真目

的，确定基本的初始指标，针对效能评估问题来说，只需要确定与评估指标直接相关的数据即可。

②仿真实验：根据建立的模型进行仿真实验；设置仿真系统的输入和输出参数并确定仿真结果。

③皮尔逊相关系数计算：计算评估指标和各个仿真指标参数之间的皮尔逊相关系数。

④指标重要度排序：按照相关系数取值的大小对体系指标进行排序（取系数的绝对值）。

⑤确定指标重要度排序并输出最后的指标重要度结果。

2.集成 Bagging 和 Boosting 的复杂系统指标评估方法

集成学习是指将多个基础学习模型按照投票或平均等策略组合形成性能较好的提升模型的机器学习方法。集成学习在机器学习分类和回归过程中都取得了较好的效果，在单个基础学习模型学习能力不足的情况下利用集成学习方法能够提升算法模型的学习性能。集成学习的模型训练过程包括基础学习器的训练和基础学习器的集成，其中常用的基础学习器包括支持向量机（SVM）、决策树、朴素贝叶斯和线性/逻辑回归等，而基本上所有的机器学习方法都可作为基础学习器来使用。基础学习器的集成是指将多个基础学习器集成为提升模型的方法，根据集成所采用的策略可将集成学习模型分为两类，一类是基于投票策略的 Bagging 集成学习方法，主要思想为通过将样本重构来组成新样本训练多个针对不同数据集的基础学习器，再按照一定的投票（平均、加权等）机制组成最后的集成学习器；一类是基于权重调整的 Boosting 集成学习方法，主要是根据所训练的前一个基础学习器来调整后一个基础学习器在学习过程中针对每个样本的误差权重，所以每个基础学习器之间都会互相影响，并且通过重视误差较大的样本有助于后续的基础学习器性能的提升，最后再按照策略（加权等）将基础学习组合形成集成学习器。Bagging 集成学习方法相当于采用不同的数据集训练了多个不同的基础学习器，所以对于噪声数据的抗干扰能力较强，不易发生过拟合，但是训练时间较长；Boosting 集成学习方法对噪声数据较为敏感，但是总体上不易发生过拟合并且分类精度较高。

本小节将两种方法的思想进行了结合，即利用 Bagging 思想对数据样本进行分隔和重构，分隔后的数据能够在一定程度上提高模型的鲁棒性，使其对噪声数据不敏感，同时针对 Bagging 方法可解释性差的问题，采用 Boosting 能够提高模型的可解释性，所以集成 Bagging 和 Boosting 的效能评估方法能够在规避两种方法的缺点的同时还能在一定程度上吸收两种方法的优点。所述的集成 Bagging 和 Boosting 的效能评估方法主要算法流程如下。

输入：数据集 $D=\{(x_1,y_1),(x_2,y_2),\cdots,(x_N,y_N)\}$。

输出：训练好的所提出的回归模型 $F(x)$。

(1)利用 Bagging 的思想对样本进行随机抽样，获得新的 m 个样本集

$\{D_1,D_2,\cdots,D_k,\cdots,D_m\}$

(2)For $k=1$ to m，For $t=1$ to T

①初始化样本权重分布：

$$W_1=(\omega_{11},\omega_{12},\cdots,\omega_{1i},\cdots,\omega_{1N}),\omega_{1i}=\frac{1}{N},i=1,2,\cdots,N \tag{6-2}$$

②利用当前数据集 D_k 和样本权重 W_t 训练当前基础回归器 $h_t=\tau(W_t,D_k)$，其中基础回归器模型主要是支持分类回归树(CART)和向量回归模型(SVR)。

③更新当前基础回归器的最大误差 E_t、各个样本的平方误差 e_{ti} 和误差率 ε_t。

④更新样本权重 $W_{t+1}=(\omega_{t+1,1},\omega_{t+1,2},\cdots,\omega_{t+1,\mathrm{i}},\cdots,\omega_{t+1,N})$。

⑤重复上述过程直到达到规定的基础回归器数量或其他停止条件。

⑥输出当前样本 D_k 所训练获得的 Adaboost 模型 $H(x)_k$。

(3)利用平均法计算最终的回归模型 $F(\mathrm{x_i})=\frac{1}{m}\sum_{k=1}^{m}H(x_\mathrm{i})_k$

上述过程中 Bagging 分割的样本数量和所使用的 Adaboost 的数量、基础学习器的个数以及训练过程中的迭代次数可由实验得到。

Bagging 学习方法是常用的集成学习方法之一，又称为装袋算法，主要思想是根据已有样本进行随机抽样重构多个数据样本，然后根据所重

构的样本分别训练多个弱学习器，最后采用平均法、投票法等方式组合弱学习器形成强学习器的方法。Bagging 方法通过训练多个不同的学习器使得模型对噪声数据不敏感，并且模型比较稳定，同时由于在抽样过程中每个样本被选中的概率相同，所以最后完成的训练模型并不会注重于某一方面的特定样本。以 Bagging 为基本思想，Ad-aboost-SVR/CART 作为基本学习器，描述 Bagging 主要过程如下。

输入：数据集 $D=\{(x_1,y_1),(x_2,y_2),\cdots,(x_N,y_N)\}$。

输出：训练好的支持随机森林模型 $f(x)$。

①采用 Bootstrap 方法对数据集 D 中的数据进行抽样，重构原有的数据样本获得 m 个样本集。

②假设样本有 K 个特征，每次从重构样本中选取 $k(k<K)$ 个特征作为训练样本训练基础 Adaboost-SVR/CART 模型。

③重复上述过程直到满足停止要求（如训练完所有样本、满足误差要求或达到最大迭代次数等）。

④将所训练完成的基础决策树进行组合，主要采用投票（多数为准）和平均的方法将基础决策树进行组合，从而得到最后完整的 Bagging 随机森林模型。

Boosting 是另一种常用的集成学习模型，相比于 Bagging 的各个基础学习器采用不同的训练样本来说，Boosting 中的基础学习器的训练样本都是同一个样本，每个基础学习器的训练结果都会作为后一个基础学习器更新样本权重的依据，根据样本训练结果调整后一个基础学习器的学习权重关系，从而使后期的模型训练过程比较关注于前期存在分类错误或者分类误差较大的样本，有助于后期模型性能的改善。在基础学习器组合过程中也会考虑以样本误差和每次训练的样本权重为依据对基础学习器进行加权，从而得到最后完整的强学习器。常用的 Boosting 学习模型有 Adaboost 算法和梯度下降树算法（gradient boost decision tree，GB-DT），其中 Adaboost 的样本权重更新机制是参考上一个基础学习器的分类错误率或者分类误差；GBDT 的样本权重更新机制根据分类损失函数的梯度。为了说明 Boosting 算法的一般流程，以 Adaboost 为例进行阐述，其中 Adaboost 回归模型主要算法流程如下。

输入：数据集 $D=\{(x_1,y_1),(x_2,y_2),\cdots,(x_N,y_N)\}$，基础学习器算法 τ，基础学习器的个数 T。

输出：训练好的 Adaboost 回归模型 $f(x)$。

(1)初始化样本权重分布

$$W_1=(\omega_{11},\omega_{12},\cdots\omega_{1i},\cdots,\omega_{1N}),\omega_{1i}=\frac{1}{N},i=1,2,\cdots,N \tag{6-3}$$

(2)For $t=1$ to T

①利用当前数据集 D 和样本权重 W_t 训练基础学习器 $h_t=\tau(D,D_t)$。

②计算当前基础学习器的最大误差：

$$E_t=\max\ |\ y_i-h_t(x_i)\ |\ ,i=1,2,\cdots,N \tag{6-4}$$

③计算每个样本的相对误差，此处采用平方误差：

$$e_{ti}=\frac{(y_i-h_t(x_i))^2}{\mathrm{E}_t^2} \tag{6-5}$$

④确定基础学习器 h_t 在数据集 D 上的误差率：

$$\varepsilon_t=\sum_{i=1}^{N}\omega_{ti}e_{ti} \tag{6-6}$$

⑤确定基础学习器 h_t 在整个集成模型中所获得的权重系数 α_t：

$$\alpha_t=\frac{\varepsilon_t}{1-\varepsilon_t} \tag{6-7}$$

⑥更新样本权重 $W_{t+1}=(\omega_{t+1,1},\omega_{t+1,2},\cdots,\omega_{t+1,\mathrm{i}},\cdots,\omega_{t+1,N})$：

$$\omega_{t+1,i}=\frac{\omega_{ti}\alpha_t^{1-e_{ti}}}{\mathrm{Z}_t} \tag{6-8}$$

式中，$Z_t=\sum_{i=1}^{N}\omega_{ti}\alpha_t^{1-e_{ti}}$，即权重之和。

(3)构造 Adaboost 回归模型 $H(x)$

$$H(x)=\sum_{t=1}^{T}\left(\ln\left(\frac{1}{\alpha_t}\right)\right)g(x) \tag{6-9}$$

式中，$g(x)$是所有基础学习器 $\alpha_t h_t$ 回归值的中位数。

6.2.3 基础学习器

基本上所有的机器学习模型都可以作为集成学习的基础学习器使

用,本书针对所述的效能评估方法着重考虑两种基础学习器,一种是分类回归树(classifica-tion and regression tree,CART),一种是支持向量回归(support vector regression,SVR)。

1.分类回归树(CART)

CART 最初由 Breiman 在 1984 年提出,是常用的决策树算法(此外还有 ID3,C4.5 等)之一。相对于其他决策树算法,CART 可用于分类和回归,故称为分类回归树。CART 是利用递归的思想将特征划分为两个区域,并决定每个子区域上的取值和具体的概率分布构建二叉树。主要过程分为二叉树的构建和二叉树剪枝,其中二叉树的构建是指根据目标函数选择最合适的树的切分点,递归地分割二叉树;二叉树剪枝是指利用测试样本对所生成的二叉树的子树进行合并,进而降低模型过拟合问题。

具体的回归树一般以最小化均方根误差(mean square error,MSE)为基本目标函数,即:

$$\min \frac{1}{N}\sum_{i=1}^{N}(f(x_i)-y_i)^2 \tag{6-10}$$

式中,$f(x_i)$为回归树的预测值,y_i为真实值。为了最小化真实值和预测值之间的均方根误差 mse,需要最小化每片树叶上的回归误差,假设所生成的二叉树具有 K 片树叶,x_i属于 ι_k 且树叶上的预测值为 v_k,则最小化误差为:

$$\min \frac{1}{K}\sum_{k=1}^{K}\sum_{x_i\in\iota_k}(v_k-y_i)^2 \tag{6-11}$$

所以可将该树叶上的预测值与真实值之间的 mse 最小化问题转化为将该树叶上的预测值取为属于该树叶的所有真实值的平均即可,即:

$$v_k=\text{ave}(y_i \mid x_i\in\iota_k) \tag{6-12}$$

在模型训练过程中,应尽量使属于同一树叶下的真实值之间的差距小,故在做特征切分过程中应考虑切分之后两个所生成的子节点内部样本差距最小化。对于特征 f 和合适的切分点 p,使得切分之后内部的样本差距最小,即:

$$\min_{f,p}\left\{\min_{f,p}\sum_{x_i\in L(f,p)}(v_\iota-y_i)^2+\min_{f,p}\sum_{x_i\in R(f,p)}(v_r-y_i)^2\right\} \tag{6-13}$$

其中，$L(f,p)$和$R(f,p)$是指根据切分点p切分之后所获得的左右子叶节点的取值，即：

$$L(f,p)=\{x_i \mid x_i<p\} \tag{6-14}$$

$$R(f,p)=\{x_i \mid x_i\geqslant p\} \tag{6-15}$$

所以，回归树训练过程就是基于启发式的思想递归寻找每次最优的特征f和其对应的切分点p，使得误差最小，通过递归实现对所有特征和相应切分点的划分并且最后的叶子的取值为所有属于该叶节点的样本的平均值，将其作为最后的预测结果。

所述的具体的CART回归算法过程如下。

输入：数据集$D=\{(x_1,y_1),(x_2,y_2),\cdots,(x_N,y_N)\}$。

输出：训练好的回归树$f(x)$。

①启发式地生成切分特征f和切分点p并寻找误差最小的最优点。

②对于选定的切分特征f和切分点p，确定其输出值。

③循环①和②，直到满足停止条件(如达到最大树深度、完成所有特征的切分等)。

④将输入空间K个区域$V_1,V_2,\cdots,V_K$，形成决策树：

$$(x)=\sum_{k=1}^{K} v_k I(x\in V_K) \tag{6-16}$$

式中，v_k表示当x属于树叶V_K时的取值，根据$f(x)$预测最终回归结果。

2.支持向量回归(SVR)

支持向量回归(support vector regression，SVR)是支持向量机的回归模型，支持向量机(support vector machine，SVM)由在1995年提出的基于统计学习的二分类模型演变而来，包括支持向量机、支持向量回归等。与传统的回归模型不同，支持向量回归引入了预测值和真实值之间的可接受偏差ε，即当$|f(x)-y|\geqslant\varepsilon$时计算回归模型的损失函数，即在ε范围内的偏差都是可以接受的。

具体的SVR回归算法过程如下。

输入：数据集$D=\{(x_1,y_1),(x_2,y_2),\cdots,(x_N,y_N)\}$。

输出：训练好的支持向量回归模型$f(x)$。

(1)寻找回归超平面$f(x)=\omega^{\mathrm{T}}x+b$，求解目标函数：

$$\min_{\omega,b}=\frac{1}{2}\|\omega\|^2+C\sum_{i=1}^{N}\iota_\varepsilon(f(x_i),y_i) \tag{6-17}$$

式中，$\|\omega\|^2$ 为 ω 的 L_2 范数，C 为惩罚因子，ι_ε 为含有容忍度 ε 的损失函数，即：

$$\iota_\varepsilon(z)=\begin{cases}0, |z|<\varepsilon\\ |z|-\varepsilon, 其他\end{cases} \tag{6-18}$$

(2)引入松弛变量 ζ_i 和 ξ_i，重写目标函数：

$$\begin{aligned}&\min_{\omega,b,\zeta_i,\xi_i}=\frac{1}{2}\|\omega\|^2+C\sum_{i=1}^{N}(\zeta_i,\xi_i)\\&\text{s.t.} f(x_i)-y_i\leqslant\varepsilon+\zeta_i\\&y_i-f(x_i)\geqslant\varepsilon+\xi_i\\&\zeta_i\geqslant0,\xi_i\geqslant0,i=1,2,\cdots,\mathrm{N}\end{aligned} \tag{6-19}$$

(3)利用拉格朗日函数重写原有的目标函数：

$$\begin{aligned}&L(\omega,b,\zeta_i,\xi_i,\alpha_\zeta,\alpha_\xi,\mu_\zeta,\mu_\xi)\\&=\frac{1}{2}\|\omega\|^2+C\sum_{i=1}^{\mathrm{N}}(\zeta_i,\xi_i)+\sum_{i=1}^{\mathrm{N}}\alpha_{\zeta i}(f(x_i)-y_i-\varepsilon+\zeta_i)\\&\quad+\sum_{i=1}^{\mathrm{N}}\alpha_{\xi i}(y_i-f(x_i)-\varepsilon-\xi_i)-\sum_{i=1}^{\mathrm{N}}\mu_{\zeta i}\zeta_i-\sum_{i=1}^{\mathrm{N}}\mu_{\xi i}\xi_i\end{aligned} \tag{6-20}$$

同时需要满足 KKT 条件：

$$\alpha_{\zeta i}(f(x_i)-y_i-\varepsilon+\zeta_i)=0 \tag{6-21}$$

$$\alpha_{\xi i}=(y_i-f(x_i)-\varepsilon-\xi_i)=0 \tag{6-22}$$

$$\alpha_{\zeta i}\alpha_{\xi i}=0,\zeta_i\xi_i=0 \tag{6-23}$$

$$(C-\alpha_{\zeta i})\zeta_i=0,(C-\alpha_{\xi i})\xi_i=0 \tag{6-24}$$

(4)分别求解 $L(\omega,b,\zeta_i,\xi_i,\alpha_\zeta,\alpha_\xi,\mu_\zeta,\mu_\xi)$ 对 ω,b,ζ_i,ξ_i 的偏导并令其等于 0。求解结果有：

$$\omega=\sum_{i=1}^{\mathrm{N}}(\alpha_{\xi i}-\alpha_{\zeta i})x_i \tag{6-25}$$

(5)回归函数：

$$f(x)=\sum_{i=1}^{\mathrm{N}}(\alpha_{\xi i}-\alpha_{\zeta i})x_i^{\mathrm{T}}x+b \tag{6-26}$$

满足 $\alpha_{\xi i}-\alpha_{\zeta_i}\leqslant0$，样本为支持向量，同时如果 $0<\alpha_{\zeta i}<C$，则 $\zeta_i=0$，得：

$$b=y_i+\varepsilon-\sum_{i=1}^{N}(\alpha_{\xi i}-\alpha_{\zeta i})x_i^{\mathrm{T}}x \tag{6-27}$$

考虑采用核函数：

$$K(x_i^{\mathrm{T}}x)=\varphi(x_i)^{\mathrm{T}}\varphi(x_j) \tag{6-28}$$

(6)最后得到支持向量回归模型：

$$f(x)=\sum_{i=1}^{N}(\alpha_{\xi i}-\alpha_{\zeta i})\varphi(x_i)^{\mathrm{T}}\varphi(x_j)+b \tag{6-29}$$

支持向量回归模型相对于其他模型来说具有效果较好，不易过拟合并且通过核函数映射之后能够将低维空间的样本映射到高维空间，有利于样本分隔和提高准确性等，但是一般支持向量回归模型比较适用于样本量较小的数据。

6.3　多数据分析方法集成的复杂系统优化设计

6.3.1　基于复杂系统综合评估的优化设计

基于复杂系统综合评估的优化设计主要是指利用优化算法对现有的体系指标值进行改进、迭代和评估，从而进一步地提升装备体系的效能/性能。体系指标值优化的目的一方面能够提高现有运行体系指标的效能/性能，一方面是为未来武器装备开发提供一定的参数指导和规划。体系指标优化根据优化对象的不同可分为指标维数优化方法(指标约简)和指标参数值优化。其中指标维数优化方法是指将现有的指标体系框架下的指标进行约简，在不影响评估效能/性能的前提下尽可能地降低评估指标维度，从而提高计算效率，降低算法复杂度；指标参数值优化是指对现有的指标参数值进行迭代和改进，从而提高装备整体的效能/性能。

1.传统的指标值优化方法

优化算法是指通过对优化对象的迭代和改进使得目标函数获得最优值的方法。常用优化算法包括梯度法(如梯度下降法、共轭梯度法、随机梯度法等)、牛顿法、模拟退火算法、拉格朗日法、爬山算法、蚁群算法、粒子群算法和遗传算法等；其中遗传算法主要是通过编码、选择、交叉、变异等步骤不停地对所要优化的目标生成可行解，通过多次迭代之后获得较优解的优化算法，但是以遗传算法为代表的启发式优化算法由于本身的启发式特性一般无法获得最优解。杜海舰等采用遗传算法对初始的BP神经网络进行优化，解决了救护直升机效能评估问题，也克服了BP神经网络精度低的问题。李冬等利用速度唯一模型改进粒子群算法并利用该改进算法对装备系统效能进行优化，解决了优化参数复杂、指标之间的耦合性问题。周雯雯等提出了基于因子分析法的体系指标优化方法，将复杂多样的体系指标进行主因子的提炼，最后确定重要的体系能力指标，解决了体系指标复杂多样性的问题。

2.新型体系指标值优化方法

新型体系指标值优化方法是指在为了适应无人化、信息化、体系化作战等新型作战概念所提出的体系指标值的优化方法。在大数据、人工智能等相关新型技术的发展和装备体系信息化逐步推进使得体系数据大量积累的条件下，原有的优化方法对新型海量数据情况下的体系效能指标优化显得有些吃力，故引入了基于机器学习、复杂系统建模等相关优化方法，其中常用的机器学习优化算法包括聚类算法、降维算法、梯度下降和牛顿法等；复杂系统建模优化方法包括复杂网络分析、复杂网络结构优化算法等。新型优化算法相对传统优化算法来说优化结果更精确、更可靠，但是同时也需要大量的数据和时间来用于建模、学习和优化。比如在基于机器学习体系指标值优化方面，马昕晖等针对航天发射的实验安全指标之间的耦合性问题，提出了利用主成分分析和聚类分析相结合的方法对航天发射试验过程进行安全评估。陈侠等将利用遗传算法优化的小波神经网络模型用于无人机作战效能评估过程中，同时改进了小波神经网络，解决了其收敛速度慢、容易陷入局部最优等问题，并用仿真实验证明了该模型的有效性。安进等针对装备质量状态评估过程中评估时间较长、工作效率低下的问题，构建了基于主成分分析的装备状态指标优化模型，然后利用该模型进行效能评估，实验表明该方法在满足评估结果有效性的前提下大大地提高了装备质量状态评估的效率。

基于复杂系统建模和分析优化方法主要是针对体系化作战过程中的装备体系进行网络化建模，然后基于网络模型结合网络分析、社团分析和结构优化等相关方法对装备体系结构进行优化的技术。该方法一般从全局、整体考虑装备体系相关的效能指标，能够在一定程度上体现复杂的装备体系的关联关系并且能够表征装备体系的涌现性，复杂系统建模不仅在结构优化方面，而且在装备体系网络分析、演化和涌现性分析等多个方面都有应用。在结构优化方面，李慧等针对体系网络化作战装备的结构优化问题，定义了多种复杂网络对装备体系结构作战网络进行结构优化，主要是进行网络搜索从而寻找最优树，并将最优树进行合并之后获得最优装备体系网络结构。游翰霖等提出了以装备技术作为网络基本节点、技术关系为边，构建了网络模型并采用网络分析技术对技术聚类，解决了技术发展管理冗余度和重用度问题，寻找技术冗余度较高的装备从而完成基于网络结构优化的装备技术发展优化。

6.3.2 集成优化算法的复杂系统优化设计方法

本小节将阐述一种以效能评估模型作为适应度函数的启发式优化算法来对效能指标值进行优化，将利用启发式算法（遗传算法和粒子群算法）来生成效能指标值的可行解，然后再利用第 3 章所提出的集成 Bagging 和 Adaboost 的机器学习效能评估模型来对所生成的可行解进行评估。通过不断迭代和更新使得所优化的效能指标值尽可能地成为最优值，在效能指标快速预测的支撑下，可以适当地扩大搜索空间和迭代次数，使得搜索范围更大，结果更接近于最优值。

1.集成遗传算法和粒子群算法的效能指标优化方法

为了解决上述的装备体系效能指标优化的问题，考虑到第三章所提出的装备体系效能评估方法能够快速预测出评估结果的条件，采用进化算法为基本的优化方法效能评估模型为基本模型的效能指标优化方法。考虑到效能评估模型是一个没有具体解析式的“黑箱模型”，所以采用解析式的优化方法是不可行的，故着重考虑采用非解析式方法进行优化。又因为所需要优化的效能指标一般是给定一个范围但是无绝对的取值，所以采用启发式优化算法是比较好的思路。故本小节将采用粒子群算法(PSO)和遗传算法(GA)作为基本优化算法对效能指标进行优化，通过选取两种算法获得的最优值作为优化结果能够使得结果更优，并且采用第三章所提出的效能评估模型作为上述两种算法的适应度函数，使得快速计算效能值成为可能，可以加大粒子群算法(PSO)和遗传算法(GA)的搜索空间和迭代次数，使得结果更加接近最优值。

本小节提出的结合启发式优化算法和效能评估模型集成的效能指标优化方法，主要思路是通过遗传算法和粒子群算法不断地启发生成新的可行解，然后利用效能评估模型评估可行解的效能值，通过多次迭代寻找最优效能值作为最后的优化结果。

主要的技术流程如下。

①初始化效能评估指标，确定需要选取的指标，并基于仿真样本数据完成第 3 章所述的集成学习模型的训练，为后续启发式生成的可行解进行效能评估，将其作为优化算法的适应度函数。

②对于粒子群算法：a. 初始化所述种群的初速度、种群大小和所采用的适应度函数等，其中适应度函数为所提出的效能评估模型。b. 计算各个粒子的适应度函数的取值(即效能评估值)。c. 根据更新公式更新粒子的速度和位置(主要考虑种群最优值和个体最优值)。d. 判断是否满足迭代精度误差 ε 或者最大迭代次数 K 的要求，如果满足则输出粒子群算法所获得的最优值，如果未满足则返回步骤 c。

③对于遗传算法：a. 初始化遗传算法基本参数，包括种群数量、迭代次数或者精度要求、编码方式、适应度函数等，其中个体采用浮点数编码，适应度函数采用第 3 章所述的效能评估模型。b. 确定个体的适应度函数值(即在效能评估模型下的预测值)。c. 计算每个个体被选中的概率并以轮盘赌的方式选择个体进行编码交叉，本书采用单点交叉。d. 对编码交叉生成的新个体采用一定的概率进行编译从而生成变异后的个体。e. 判断个体的适应度值是否达到停止条件(精度误差 ε_1 或者最大迭代次数)，如果达到则输出遗传算法所获得的最优值；如果未达到则返回步骤 d 直到达到要求。

④对比遗传算法和粒子群算法所获得的最优值，选择两者中结果较好的一个作为输出值输出。

⑤对比整体算法的停止条件，如整体精度误差 ε_2 或者最大迭代次数 K_2，如果达到要求则输出整体的最优值，如果未达到整体要求，返回步骤

b 重新利用所述的两种进化算法生成可行解。

在优化算法中,按照是否可进行解析计算可分为解析式优化算法和非解析式优化算法,其中常用的解析式优化算法包括梯度法(如梯度下降法、共轭梯度法、随机梯度法等)、牛顿法、模拟退火算法、朗格朗日法等;常用的非解析式优化算法有爬山算法、蚁群算法、粒子群算法和遗传算法等;此外还有一些上述优化算法的变体算法,在此不再赘述。本小节将描述遗传算法和粒子群算法,其中主要内容如下。

2.遗传算法

遗传算法(genetic algorithm,GA)主要是根据"物竞天择,适者生存"的遗传基本原理,通过基因突变等操作不断生成新的解来获得最优值的方法。遗传算法最初由密歇根大学霍兰德(Holland)于 20 世纪 70 年代创立,并于 1975 年出版专著 Adaptation in Natural and Artificial System,从而正式确立遗传算法的诞生。该算法具有不易陷入局部极值,参数编码不需要先验知识和多角度并行搜索的特点,自诞生以来被运筹学、金融和系统工程等领域广泛采用。

遗传算法的主要思想是不断通过交叉组合和基因突变来生成新的个体,并利用适应度函数判断该生成的个体是否能够适应所给定的"环境",然后实行择优选择,从而不断迭代生成新的个体来寻找给定目标函数下的最优值,其中遗传算法的主要过程包括选择(selection)、交叉(crossover)、变异(mutation)来完成遗传算法的基本步骤。

(1)选择

遗传算法一般采用轮盘赌对个体进行选择,即对于每个个体来说被选中的概率与其适应度的大小成正比,即:

$$p(x_i)=\frac{f(x_i)}{\sum_{j=1}^{N} f(x_j)} \tag{6-30}$$

式中,$f(x_i)$表示该个体的适应度函数值,以该个体适应度函数占总体适应度函数的比例作为其被选中的概率。

(2)交叉

交叉是指将父代的两个个体基因进行重组的方式,即以某种交叉方式将父代的基因进行交换和重组,其中交叉方式包括单点交叉、多点交叉、均匀交叉和算术交叉等。

(3)变异

变异主要是采取了基因突变的思想,随机改变编码中的某一个/多个基因序列达到变异和生成新个体的目的。该过程使优化算法能够跳出局部最优,其中常用的变异方式包括均匀变异、非均匀变异、基本位变异、高斯近似变异和边界变异等。

(4)编码方式和适应度函数

遗传算法编码是遗传算法运行的前提,类似于基因编码的过程,需要对所优化的个体进行编码。其中常用的编码方式包括字符串编码、二进制编码和浮点数编码。

适应度函数一般是优化对象所对应的目标函数,即通过计算该个体对于目标函数的取值作为其对目标函数的适应度,即适应度函数值越大/越小说明该个体的优化效果越好。

算法流程:

①初始化遗传算法基本参数,包括种群数量、迭代次数或者精度要求、编码方式、适应度函数等。

②判断是否达到要求的停止条件(如最大迭代次数或者最小精度误差等),如果未达到停止要求则继续运行算法,达到则停止。

③计算每个个体的适应度函数,利用轮盘赌方式确定个体被选中的概率,随机选择个体。

④对所选择的个体进行编码交叉生成新个体,并以一定的概率随机地对新个体进行随机编码变异。

⑤对新生成的个体,返回步骤③。

3.粒子群算法

1995年,美国学者通过分析鸟群捕食过程的随机搜索过程提出了粒子群算法(particle swarm optimization,PSO),该算法的核心是利用群体的信息共享和随机搜索策略,每次更新和迭代都往群体最优的方向发展,使得求解优化目标逐渐从无序变为有序的过程。

粒子群算法主要思路是随机初始化一群随机粒子,然后逐步迭代各个粒子速度和位置，最终获得较优的取值的过程。每一个粒子都具有粒子飞行速度 v_i 和飞行未知 x_i 两个参数，同时每次迭代更新需要确定当前该粒子所能找到的最优值 p_{id} 和整个种群所能找到的群体最优值 p_{gd}，主要更新公式如下：

$$v_{id}=w\times v_{id}+c_1r_1(p_{id}-x_{id})+c_2r_2(p_{gd}-x_{id}) \tag{6-31}$$

$$x_{id}=x_{id}+v_{id} \tag{6-32}$$

式中，w 表示粒子更新的惯性因子，一般为非负值；c_1 和 c_2 是粒子群算法的加速常数，c_1 表示该粒子的加速常数，c_2 表示算法全局的加速常数，一般 $c_1,c_2\in[0,4]$，并且一般加速常数取 2，r_1 和 r_2 为取值范围在[0,1]之间的随机数，p_{id} 是当前粒子的历史最优值，p_{gd} 为所有粒子群的历史最优值。

粒子群算法主要运行流程如下：

①在 D 维的空间初始化群体 X（大小为 N），有：

$$X_i=(x_{i1},x_{i2},\cdots,x_{iD}),i=1,2,\cdots,N \tag{6-33}$$

并且给定该粒子 i 初始速度 V_i：

$$V_i=(v_{i1},v_{i2},\cdots,v_{iD}),i=1,2,\cdots,N \tag{6-34}$$

②确定每个粒子的适应度函数 $f(x_i)$，适应度函数一般为当前粒子对于目标函数的取值。

③对比适应度函数 $f(x_i)$ 和当前粒子的最优值 p_i，如果 $f(x_i)>p_i$，则 $p_i=f(x_i)$，否则保持 p_i 不变。

④对比当前群体最优值 p_g 和粒子的最优值 p_i，如果 $p_i>p_g$，则 $p_g=p_i$，否则不变。

⑤更新种群 X 的速度 v_{id} 和位置 x_{id}，见式(6-31)和式(6-32)。

⑥判断是否达到停止条件(最大迭代次数或精度要求等)，如果达到则停止迭代并输出优化后的值，如果达不到则循环②至⑤直到达到要求。

第7章　大数据管理

随着数据科学、人工智能等技术的飞速发展，数据已经成为复杂系统设计主体所具备的重要资源，而基于数据提升复杂系统设计效率和质量已经成为业务发展和经济增长的新引擎。在开展面向复杂系统设计的大数据相关项目之前，需要有明确的目标、数据的内外部相关标准以及大数据方案实施的规范流程等作为指导，才有可能真正提高面向复杂系统设计的大数据管理水平，进而提升支持设计过程的数据应用能力。

7.1　数据调研与采集

数据调研与采集是大数据项目实践的第一步，该阶段采集的原始数据是大数据管理与分析流程的源头。

7.1.1　数据调研

数据调研过程可大致分为业务数据调研和需求数据调研两个部分。其中，业务数据调研是指针对项目发起方宏观业务情况和业务过程中数据存储、使用及流向等情况进行调研；需求数据调研是指面向项目实施过程的具体需求数据的调研与整理。

1.业务数据调研

业务数据调研首先应了解项目发起方的基本情况、业务范围、战略规划、公司组织与机构部署、IT 建设规划、管控需求等宏观内容，然后通过深入业务部门的方式，了解其具体业务运行情况和流程，以便明确实际业务对象；进一步地，详细调研项目发起方信息化建设现状，明确其各部门的数据存储、数据使用情况以及数据流向，从而为数据迁移、转换、清洗等操作形成实际业务层面指导。综上所述，将业务数据调研过程分为基础层业务调研和数据层业务调研，具体流程与技术如下。

(1)基础层业务调研

①总体调研：总体调研主要是指企业整体运营状况的调研和高层管理需求的调研，如公司未来几年的战略规划、公司组织与机构部署、IT 建

设规划、企业管控需求等内容。

②详细业务流程调研：可以按业务流程顺序，对企业的各个业务部门参照调研提纲或调研问卷的内容进行业务流程调研，共同绘出完整跨部门的业务流程图（包括工作流、数据流等），并描述每个流程节点所包括的处理和数据规范以及各部门对业务改善的建议和管理需求目标等。

(2)数据层业务调研

①数据库/表分类：将所有数据库/表做分类分析，如分为系统参数类、代码类、综合业务类、相关业务类等。

②数据库/表信息采集：对所有数据表的数据组成、数据来源、用途、完整性等进行采集和整理。

③数据流向分析：分析和描述数据在各表中的流向，对于关键或复杂的业务点做深入分析。

④《数据字典分析报告》编制综合上述信息，编制《数据字典分析报告》。

2.需求数据调研

需求数据调研决定了项目规划、实施的核心思想和详细方案。需求是项目实施的风向标。需求分析是软件计划阶段的重要活动，也是软件生存周期中的一个重要环节，该阶段是分析系统在功能上需要"实现什么"，而不是考虑如何去"实现"。需求分析的目标是把用户对待开发软件提出的"要求"或"需要"进行分析与整理，确认后形成描述完整、清晰与规范的文档，确定软件需要实现哪些功能，完成哪些工作。此外，软件的一些非功能性需求（如性能、可靠性、响应时间、可扩展性等）、软件设计的约束条件、运行时与其他软件的关系等也是软件需求分析的目标。

(1)需求数据调研流程

①需求调研准备：制定详细业务和管理需求调研计划，准备调研提纲和问卷，准备调研场地或安排调研培训等。

②需求调研：按计划完成调研，编写和汇总需求调研报告或调研日志。

③需求分析：双方共同分析确认的需求，重点分析业务流程和问题，提出初步解决思路和优化方案，提交需求分析报告。

④流程设计：对主要的业务流程进行优化设计，大项目可单独提交流程设计方案。

⑤业务解决方案设计：双方根据需求分析和流程设计等，共同编写业务解决方案初稿，并让双方成员充分理解。

⑥客户化开发设计：根据需求分析和业务解决方案，确定客户化开发需求，与开发人员共同确定客户化开发详细设计（功能、流程、界面、算法、数据库设计等），并和客户确认客户化开发需求部分（功能、流程、界面、算法）。

（2）需求数据调研方法

需求数据调研过程中可能会涉及需求分类方法以及需求报告撰写方法，具体如下。

①需求分类方法：Ⅰ类需求是软件可以解决，并且能带来关键效益的，放在首位；Ⅱ类需求是软件可以解决，客户方领导非常关注的需求，放在第二位；Ⅲ类需求则是软件可以解决，客户方普通操作者关注的需求；Ⅳ类需求软件很难甚至无法解决。

②需求分析报告撰写方法：需求分析报告要分析客户方需求和业务流程的优劣，包括建议、目标流程的定义（流程图）和差异分析、数据规则的变化、管控需求的实现方式和对数据、流程的要求等。需求分析报告中还要明确每个业务流程未来哪些是要在系统内运行，哪些是不在系统内运行的。

7.1.2　数据采集流程

数据采集，是指从各类终端、设备或者系统中自动采集各类信号、数据等信息的过程，根据不同的应用需求有不同的定义和方法。数据采集是所有数据系统必不可少的，随着大数据越来越被重视，数据采集的挑战也变得尤为突出。这其中包括：数据源多种多样、数据量大、数据变化快、如何保证数据采集的可靠性、如何避免重复数据、如何保证数据的质量等。

数据采集过程首先需要确定数据源，在大数据时代，数据的来源众多，例如，手机、控制器、终端系统、传感器、互联网等。对于不同的数据源采用不同的采集方式，从而收集海量且种类丰富的数据，存储于数据库中。这些原始的数据通常具有不同的格式,为了方便数据的存储与利用,需要制定标准的格式对数据进行标准化。最后,在上位机发出请求后,将所需的数据传输至上位机。

7.2 数据存储

大数据时代的特征之一"Volume",就是指巨大的数据量,因此必须采用分布式存储方式。传统的数据库一般采用的是纵向扩展(scale-up)的方法,这种方法对性能的增加速度远远低于所需处理数据的增长速度,因此不具有良好的扩展性。大数据时代需要的是具备良好横向拓展(scale-out)性能的分布式并行数据库。大数据时代的特征之二"Variety",就是指数据种类的多样化。也就是说,大数据时代的数据类型已经不再局限于结构化的数据,各种半结构化、非结构化的数据纷纷涌现。如何高效地处理这些具有复杂数据类型、价值密度低的海量数据,是现在必须面对的重大挑战之一。

传统的关系型数据库讲求的是"One size for all",即用一种数据库适用所有类型的数据。但在大数据时代,由于数据类型的增多、数据应用领域的扩大,对数据处理技术的要求以及处理时间方面均存在较大差异,用一种数据存储方式适用所有的数据处理场合明显是不可能的,因此,很多公司已经开始尝试"One size for one"的设计理念,并产生了一系列技术成果,取得了显著成效。

针对大数据的存储问题,Google 公司无疑又走在了时代的前列,它提出了 BigTable 的数据库系统解决方案,为用户提供了简单的数据模型,这主要是运用一个多维数据表,表中通过行、列关键字和时间戳来查询定位,用户可以自己动态控制数据的分布和格式。BigTable 中的数据均以子表形式保存于子表服务器上,主服务器创建子表,最终将数据以 GFS 形式存储于 GFS 文件系统中;同时客户端直接和子表服务器通信,Chubby 服务器用来对子表服务器进行状态监控;主服务器可以查看 Chubby 服务器以观测子表状态检查是否存在异常,若有异常则会终止故障的子服务器并将其任务转移至其余服务器。

除了 BigTable 之外,很多互联网公司也纷纷研发适用于大数据存储的数据库系统，比较知名的有雅虎的 PNUTS 和亚马逊的 Dynamo。这些数据库的成功应用促进了对非关系型数据库的开发与运用的热潮，这些非关系型数据库方案现在被统称为 NoSQL(Not Only SQL)。就目前来说，对于 NoSQL 没有一个明确的定义，一般普遍认为 NoSQL 数据库应该具有以下特征：模式自由、支持简易备份、简单的应用程序接口、一致性、支持海量数据。

除了上述的 BigTable 之外，还有常用的三种数据存储方法。

第一种是采用 MPP 架构的新型数据库集群，重点面向行业大数据，采用无共享结构(shared nothing)，通过列存储、粗粒度索引等多项大数据处理技术，再结合 MPP 架构高效的分布式计算模式，完成对分析类应用的支撑，运行环境多为低成本个人电脑服务器(PC Server)，具有高性能和高扩展性的特点，在企业分析类应用领域获得极其广泛的应用。这类 MPP 产品可以有效支撑 PB 级别的结构化数据分析，这是传统数据库技术无法胜任的。对于企业新一代的数据仓库和结构化数据分析，目前最佳选择是 MPP 数据库。

第二种是基于 Hadoop 的技术扩展和封装，围绕 Hadoop 衍生出相关的大数据技术，应对传统关系型数据库较难处理的数据和场景，例如，针对非结构化数据的存储和计算等，充分利用 Hadoop 开源的优势，伴随相关技术的不断进步，其应用场景也将逐步扩大。目前最为典型的应用场景就是通过扩展和封装 Hadoop 来实现对互联网大数据存储、分析的支撑。这里面有几十种 NoSQL 技术，也在进一步地细分。对于非结构、半结构化数据处理、复杂的 ETL 流程、复杂的数据挖掘和计算模型，Hadoop平台更擅长。

第三种是大数据一体机，这是一种专为大数据的分析处理而设计的软、硬件结合的产品，由一组集成的服务器、存储设备、操作系统、数据库管理系统以及为数据查询、处理、分析用途而特别预先安装及优化的软件组成，高性能大数据一体机具有良好的稳定性和纵向扩展性。

随着大数据应用的爆发性增长，它已经衍生出了自己独特的架构，而且也直接推动了存储、网络以及计算技术的发展。毕竟处理大数据这种特殊的需求是一个新的挑战。硬件的发展最终还是由软件需求推动的，我们很明显地看到大数据分析应用需求正在影响着数据存储基础设施的发展。

7.3 数据管理

大数据是指无法在可承受的时间范围内用常规软件工具进行捕捉、管理和处理的数据集合。归结为四个特点就是四“V”，即大量(Volume)、高速(Velocity)、多样性(Variety)和价值(Value)。大数据首先体现在数据量上：全球著名咨询机构 IDC(国际文献资料中心)在 2006 年估计全世界产生的数据量是 0.18 ZB，而至 2011 年这个数字已经提升了一个数量级，达到 1.8 ZB。这种数据产生的速度仍在增长，预计 2015 年将达到 8 ZB。随着数据量的增长，得到庞大的数据源和样本数据后，人们并不能容忍对于这些庞大的数据处理响应时间。因此，大数据需要在数据量提高的前提下，对数据的处理和响应能力进行提高，从而确保数据延迟可以在人们的接受范围之内。因此数据处理要得到有效的保证，那如何存储和组织管理这些海量数据，值得我们去探索和研究。

7.3.1 数据组织

数据组织是按照一定的方式和规则对数据进行归并、存储、处理的过程，一般多用于地理信息系统(GIS)中。它主要分为两种类别，即基于分层的数据组织和基于特征的数据组织。基于分层的数据组织和基于特征的数据组织处在同一抽象层次上，都以实体模型和场模型为基础，但基于特征的数据组织在面向对象数据模型的基础上使用面向对象的技术方法来组织数据，而基于分层的数据组织主要在矢量数据模型、栅格数据模型以及关系数据模型的基础上使用分层的方法来组织数据；虽然随着技术手段的不断发展和完善，分层的数据组织方法也渗入了面向对象技术，但这并没有构成真正的面向对象的数据模型。可见，二者存在根本的差别。

数据分析是大数据处理的核心，但是用户往往更关心结果的展示。如果分析的结果正确但是没有采用适当的解释方法，则所得到的结果很可能让用户难以理解，极端情况下甚至会误导用户。数据解释的方法有很多，比较传统的就是以文本形式输出结果或者直接在电脑终端上显示结果。这种方法在面对小数据量时是一种很好的选择。但是大数据时代的数据分析结果往往也是海量的,同时结果之间的关联关系极其复杂,采用传统的解释方法基本不可行。可以考虑从下面两个方面提升数据解释能力。

1.引入可视化技术

可视化作为解释大量数据最有效的手段之一率先被科学与工程计算领域采用。通过对分析结果的可视化,用形象的方式向用户展示结果,而且图形化的方式比文字更易理解和接受。常见的可视化技术有标签云(tag cloud)、历史流(history flow)、空间信息流(spatial information flow)等。可以根据具体的应用需要选择合适的可视化技术。

2.让用户能够在一定程度上了解和参与具体的分析过程

这个既可以采用人机交互技术,利用交互式的数据分析过程来引导用户逐步地进行分析,使得用户在得到结果的同时更好地理解分析结果的由来。也可以采用数据起源技术,通过该技术可以帮助追溯整个数据分析的过程,有助于用户理解结果。

7.3.2　节点管理

一个完整的流程由若干个节点组成。在大数据的整个管理流程中,节点可以理解为流程的一个工作环节或者处理环节。每一个节点可以配置多项流程填报的相关属性。一个完整的流程还必须包含节点到节点间的流转路径,即连接两个节点的“节点连线”,从而确定一个流程在任务流转时经过节点的顺序。节点管理即对节点进行“增、删、改、查”等操作。

例如,Hadoop 管理平台,节点管理模块是 Hadoop 平台设计的关键技术模块之一。平台的节点管理包括节点信息管理和节点管理两部分。在测试目前常用的节点管理算法(如随机算法、轮询算法、最小负载算法)的基础上,平台采用了一种基于抖动系数的最小负载算法。该算法有效提高了负载均衡,能够对各个子节点进行动态监测,还可以监控布置于各地电网系统的分布式服务器中的数据资源、知识资源以及系统资源等。

Hadoop 平台在管理自身数据低效性的方案是将 Hadoop 数据存储

在存储区域网络(storage area network,SAN)上,但这也造成了它自身性能与规模的瓶颈。如果你把所有的数据都通过集中式SAN处理器进行处理,那么就与Hadoop的分布式和并行化特性相悖。所以针对这个问题,我们要运用到节点管理,要么针对不同的数据节点管理多个SAN,要么将所有的数据节点都集中到一个SAN。

7.3.3 数据查询

在分布式环境下大数据系统都需要处理海量数据,为了减少搜索的数据量,很多系统使用布隆过滤器(Bloom Filter)技术来快速减少不相关数据。另外很多应用系统都是以NoSQL数据库作为其数据管理平台,而在NoSQL数据库中大部分都是以键值(Key-Value)作为其基础存储模式。Key-Value模型下的系统只支持针对键(Key)简单查询,因此很多应用都借助辅助索引,来使得系统能够支持更为复杂的查询,但是其查询处理代价相对较高。一些研究者还针对一些大数据的数据管理平台建立分布索引来提高数据操作能力。另外,一些特定应用(如微博实时搜索)需要对数据进行实时搜索,则研究者提出了相应的实时索引技术。

Bloom Filter技术可以对数据进行过滤,能够快速判断一个数据块或者文件是否包含所查询的数据。Bloom Filter是一个空间效率极高的随机数据结构,该结构使用位数组来简洁表示一个数据集合,因此能够快速地判断一个数据集合是否包含特定元素。该结构在很多大型应用系统中都得到使用,例如,BigTable就是用Bloom Filter来对查询数据进行过滤,从而减少查询处理需要扫描的数据量来提高查询处理响应速度。

而在Key-Value模型下NoSQL数据库通常是以Key作为检索条件,即在查询处理时需要指定相应Key。但是在实际应用中大部分是针对列(Column)值查询处理,因此需要对Column建立一个辅助索引来支持此类操作处理。

Apache Hadoop也成为商业智能(BI)领域不可或缺的大数据处理工具,之后推出的数据仓库Hive,方便了大数据的日常处理。但是它们都有一个共同的缺点,即处理大数据的时延较长,时延的问题在处理增长速度越来越快的大数据面前显得尤为明显。Google发布Dremel解决了这个问题,对外提供了实时大数据查询服务。它提出的分布式查询方法被多家公司的产品借鉴,包括Cloudera,之后Cloudera发布了Impala。与Hive相比,Impala的处理速度更快。相对于传统的MapReduce来说,Impala提供了高效率、便捷的大数据查询服务。但其使用Hibernate作为查询语言且不支持统一光盘格式(universal disc format,UDF),限制了它的表达能力,使其始终不能完全地替代MapReduce。MapReduce又因其使用Java为基础,以批处理的方式提供服务,它完成任务的时延已不能满足最新的大数据分析需求。

7.3.4 数据更新

大数据时代"Velocity"的重要性越来越明显,数据是不断地产生、收集和加载到大数据分析系统中的,在静态数据上设计和优化的数据分析操作,一方面难以反映最新的数据,不适合许多在线应用的需求,另一方面可能受到数据更新操作的干扰,无法实现最佳的性能。因此,我们需要在大数据分析系统的设计中,不仅仅专注于大数据分析操作本身,而是把大数据从更新到分析作为数据的生命周期来对待,把Velocity作为重要的考虑因素,体现在系统的设计中。陈世敏提出了MASM算法。该算法基于LSM树(log-structured merge tree,LSM)的基本思路,把在线更新存储在内存和固态硬盘两层的数据结构中。在归并操作时,我们需要把数据更新记录按照主键的顺序进行排序。但是,每个查询操作都进行一次外存排序显然会引起较大的代价。

李卓然基于MASM算法又进行了优化,在数据更新系统和固态硬盘中加入两层数据结构,归纳并操作时,需要将数据更新的记录按照主键的顺序进行排列组合,并简化外部内存的排列程序,当缓冲完成之后,算法对缓冲区域中的数据更新记录进行修改,从而将排序之后的数据更新记录记载在固态的硬盘中,编写一个新的文件,之后便不再修改。对于主键范围之内的数据查询工作,需要创建一个运算部件,将数据更新记录的数值范围精确到固定的区域之内,使程序员能够及时并便捷地找到数据更新的差异和规律从而对整个大数据分析提供一个准确的把握。

7.3.5 元数据管理

元数据管理以数据仓库的数据环境为核心，贯穿于系统的整个生命周期，包括规划、业务分析、设计、实现、维护、扩容。元数据协助企业的规划和设计，为系统开发提供指导。

1.元数据管理流程

元数据管理包括开发词汇表、定义数据元素和实体、制定规则和算法以及描述数据特征。最基础的管理是管理收集、组织和维护元数据。一些学者认为，元数据管理是指元数据政策的执行以及与元数据标准的一致性的管理思想。同时，为了确保元数据的连续性和质量，并激发员工的积极性，须通过 Web 浏览器来补充这一政策以促进提取过程。元数据管理应对元数据全生命周期的各阶段进行规范化管理，确立在信息生命周期的每个阶段，将有效细心管理的原则形成制度化的框架，以促进互操作性和开放性。

元数据管理流程各个阶段如下。

(1)需求分析

观察元数据生命周期模型各部分的具体内容，在其"需求评估与内容分析"部分，出现两处对需求调查的环节，分别是"获取元数据基础需求"和"元数据深层次需求调查"，这两个环节对了解元数据管理者、开发者、使用者的切实需求都是极为有意义的，所获得的资料能够为元数据的开放共享提供支持。

(2)预处理阶段

这个阶段是元数据管理的策划阶段，主要确认需要遵循的相关政策法规以及建议采用的元数据标准，面向数据资源业务流程开展模型构建和规划可参考《都柏林核心元数据倡议》《元数据应用纲要都柏林核心应用程序配置文件指南》。

(3)生成阶段

应确定元数据的来源范围，即来自企业控制的实体生成或委托的所有元数据资源。在此阶段还应明确相关的元数据开放许可协议，以明确可开放的元数据资源。在生成阶段应考虑数据对数据安全和隐私保护的要求。进行数据清理，将涉及隐私、安全和版权的数据进行脱敏处理，可在元数据核心元素集中设定相应的元素以描述开放程度和公共获取安全级别。

(4)发布阶段

首先应对元数据质量进行把控,以发布优质元数据。同时应统一元数据格式,为资源互换和跨平台操作提供便利。

(5)保存管理阶段

对元数据资源进行维护,以便于管理者对这些元数据资源进行监管。其步骤包括设置保存元数据、设置管理元数据、设置版本元数据和设置记录保存元数据。

2.元数据管理方法

(1)确定通用元数据标准

数据的拆分、重组、分析和挖掘都需要元数据的参与。元数据标准贯穿全生命周期。为保证元数据规范在功能、结构、格式、设计方法、扩展规则、语义语法规则等多方面的统一,最大范围内实现数据资源互操作和数据共享,需要统一企业数据开放元数据标准。

(2)统一元数据格式

元数据格式直接影响数据可读性和兼容性,是数据开放获取跨平台互操作的重要保障。目前的主流元数据格式,基本包含供逗号分隔值(comma separated val-ues,CSV)格式、Java脚本对象符号(java script object notation,JSON)格式、可扩展标记语言(extensible markup language,XML)格式等。

7.3.6 主数据管理流程

主数据是指在一个企业范围内,各个信息系统之间共享的基础数据,它具有准确性、一致性以及完整性等特点,比如企业内部的人员数据、组织机构数据等。对企业的基础数据进行统一管理有利于企业内部各个应用系统间数据交互效率的提升,同时基础数据的一致性、准确性也为高层领导的战略决策提供了数据支撑。

主数据管理是指一组约束和方法,用来保证企业内某一主题域的数据在各个系统内的实时性、含义和质量。企业的主数据管理不仅仅是对主数据基础属性的维护,还应涉及对主数据全生命周期的管理,包括前期业务数据调研、主数据确认、主数据建模、主数据系统建设以及后期维护管理要求等一系列的管理流程。一套完备的主数据管理方法有利于企业整体把控主数据，也更能将其高效地应用于企业信息化建设中。

主数据管理流程各阶段如下。

(1)主数据识别

主数据识别是实施主数据管理的前提及基础，只有识别出企业的主数据，才能更准确地确认企业的主数据实施范围。在识别主数据的过程中，往往需要结合企业的实际情况进行业务分析，同时在考虑主数据定义及特点的基础上识别企业内部的业务数据及基础数据。业务数据通常对实时性要求较高，且变化频率较快，因此绝大多数的业务数据不能作为主数据进行管理。

(2)主数据确认

主数据管理人员形成主数据类别及元数据类别初稿后，由于涉及业务部门较多，因此需要上级领导协调各业务部门参与主数据类别及元数据类别确认。每个业务部门结合部门需求及系统建设情况，对形成的初稿进行反馈。通过与各业务部门反复沟通确认，主数据管理人员根据反馈意见及主数据管理要求，形成最终的主数据类别及元数据类别建模文档。

(3)主数据管理系统建设及主数据建模

要进行企业主数据的管理，主数据管理平台的建设必不可少。主数据管理平台在企业中起到数据总线的作用，在主数据管理平台建设完成后，企业主数据管理者可以对企业内各类主数据进行基于平台的操作。主数据管理平台主要由建模、整合、治理、共享四个核心环节构成，是企业范围内信息化环境的数据中枢，为企业内其他异构应用系统提供唯一的、完整的、准确的主数据信息。

(4)主数据接口规范编写

通过在主数据管理平台对主数据进行建模，完成主数据整合、主数据治理等工作，最后将主数据管理平台内的主数据同步至企业内其他应用系统中，实现主数据的应用。由于涉及主数据管理平台与企业内各个异构系统之间进行数据交互的工作，为了保证不同应用系统间数据交互接口可以顺利进行联调,需要企业主数据管理者制定各类主数据标准接口规范,形成标准接口规范文档,供系统开发者进行接口开发使用。主数据标准接口文档需要明确系统间接口格式、使用协议类型、接口传递数据文件格式等一系列与接口相关的信息,确保企业内各个异构应用系统开发者可以依据接口规范文档顺利进行接口代码的编写以及与主数据管理平台的接口联调工作。

(5)主数据管理要求制定

要保证企业主数据得到合理高效的利用,针对主数据的管理要求必不可少。在管理层面上,需要建立主数据责任人体系,将每一类主数据分别指定专人进行管理及维护。每类主数据管理人员需确保所管辖范围内的主数据的准确性、一致性、唯一性以及完整性。只有在管理层面上对每一类主数据的管理提出明确的要求,才能保证整个企业内部的主数据管理有条不紊地进行。

7.4　数据安全与维护

本节在“大数据时代下的数据安全管理体系讨论”中,提出并实现了大数据时代安全管理体系及技术平台。

7.4.1　数据安全分析技术

当前网络与信息安全领域,正在面临着多种挑战。一方面,企业和组织安全体系架构的日趋复杂,各种类型的安全数据越来越多,传统的分析能力明显力不从心;另一方面,新型威胁的兴起,内控与合规的深入,传统的分析方法存在诸多缺陷,越来越需要分析更多的安全信息并且要更加快速地做出判定和响应,同时信息安全也面临大数据带来的挑战。

以安全对象管理为基础,以风险管理为核心,以安全事件为主线,运用实时关联分析技术(如 Hadoop、Spark、HDFS、MapReduce 等)、智能推理技术和风险管理技术,通过对海量信息数据进行深度归一化分析,结合有效的网络监控管理、安全预警响应和工单处理等功能,实现对数据安全信息深度解析,最终帮助企业实现整网安全风险态势的统一分析和管理。

7.4.2 敏感数据隔离交换技术

利用深度内容识别技术，首先对用户定义为敏感、涉密的数据进行特征的提取，可以包括非结构化数据、结构化数据、二进制文件等，形成敏感数据的特征库，当有新的文件需要传输的时候，系统对新文件进行实时的特征比对，敏感数据禁止传输。通过管理中心统一下发策略，可以在存储敏感数据的服务器或者文件夹中利用用户名和口令主动获取数据，对相关的文件数据进行检测，并根据检测结果进行处置。

数据隔离技术中物理隔离固有的优势就是能够非常好地避免各种木马病毒对内网数据造成侵害，但与此同时也阻碍了数据的交换。该网络隔离交换系统就是为解决这一矛盾提出的，该系统在保证两个网络安全隔离的同时，还可以保证数据库信息的自动交换。网络隔离交换系统的关键设备是设置在部门内外网之间的隔离交换器，它的作用和上文中的隔离舱和内外舱门相同。

数据交换网技术是指在两个隔离的网络之间建立网络数据交换缓存区来负责网络信息的交换或传输。交换网络的两端可以使用防火墙、多重网关技术或物理网间技术，再结合交换网络内部的漏洞扫描系统、审计系统等安全措施，从而创建一个立体的交换网络安全防护系统。根据网络交换的数据量的大小、实时性要求、安全需求等，不同类型的网络可以选择适合自己的数据交换技术。

7.4.3 数据防泄漏技术

随着大数据的发展和普及，数据的来源和应用领域不断地扩大和发展。我们在生活中的很多地方，都会留下可以被记录下的痕迹。比如，我们在浏览网页的时候，我们在登录网关输入账号和密码的时候，我们在登记银行卡账号、身份证号码、手机号码的时候。我们可能在互联网上留下自己的重要信息。出门在外，随处可见的摄像头和传感器，也会一一记录下我们每个人的行为和位置信息。通过这些随手可得的“大数据”进行相关的专业分析，数据专家就可以轻而易举地得到我们的行为习惯和个人重要信息。这些信息被各种企业合理利用，企业更能找到用户的喜好，决定生产信息，不断提高经济效益。但是这些重要的信息也很容易被不法分子所盗取,他们的违法行为会对我们个人的信息、财产等造成很大的安全性问题,所以大数据时代的数据防泄漏问题变得尤为重要。

为了解决大数据时代的数据隐私问题,学术界和工业界纷纷提出自己的解决办法。首先被提出的是保护隐私的数据挖掘概念;后来针对位置服务的安全性问题,一种 k-匿名方法被提出,即将自己与周围的(k−1)个用户组成一个数据集合,从而模糊了自己的位置概念;差分隐私保护技术可能是解决大数据隐私问题的有力武器;在 2010 年,一种隐私保护系统 Airavat 被提出,将集中信息流控制和差分隐私保护技术融入云计算的数据生成与计算阶段,防止 MapReduce 计算过程中的数据隐私泄露。

数据控制类技术主要采用软件控制、端口控制等有效手段对计算机的各种端口和应用实施严格的控制和审计,对数据的访问、传输及推理进行严格的控制和管理。通过深度内容识别的关键技术,进行发送人和接收人的身份检测、文件类型检测、文件名检测和文件大小检测,来实现对敏感数据在传输过程中进行有效管控,定时检查,防止未经允许的数据信息被泄露,保障数据资产可控、可信、可充分利用。

数据过滤类技术在网络出口处部署数据过滤设备,分析网络常见的协议,对上述所涉及的协议内容进行分析、过滤,设置过滤规则,防止敏感数据的泄露。

7.4.4　数据库安全加固技术

由于两个主要的原因,数据库系统越来越容易遭到入侵者的攻击。一是企业越来越多地增加对存储在数据库中数据的访问,增加的数据访问极大地增加了数据被窃取和滥用的风险。要求访问数据库中数据的人员包括内部职工、审计人员、供应链的合作伙伴等。二是数据库的攻击者已经发生了变化。过去攻击者的目的只是为了炫耀才能,很少造成数据失窃。如今的攻击者的动机往往是经济上的,这些攻击者有组织并且死心塌地地寻求可以使其发财的信息,如信用卡号、个人身份证号等敏感及机密信息。

甲骨文(Oracle)数据库为业界提供了最佳的安全系统框架。但是,要让这个框架起作用，数据库管理员必须遵循最佳方案并持续监视数据库活动。比如，要限制访问数据和服务、验证用户、遵守最少权限原则。

Oracle 数据库的访问大部分必须通过网络，Oracle 客户端通过 TCP/IP 通信协议连接到数据库服务器，Oracle 客服端和数据库服务器的通信使用 Oracle 专用的协议透明网络底层（transparent network substrate，TNS），同数据库连接的建立必须通过 TNS 监听器，监听器是应用程序与数据库交换数据的桥梁和中介。因此，监听器必须是安全的，如果监听器不安全，网络黑客就会捕获出有用的数据库信息。所以，Oracle 数据库系统安全的一个重要方面是监听程序的安全，使得监听程序不被黑客所掌控。如果控制了监听程序就可以管理、停止监听，使数据库应用系统崩溃。

第 8 章　云边协同大数据系统

8.1　云边协同数据处理

随着云边协同平台的不断发展，数据处理领域也在悄然发生着变化：一方面，数据的主要来源仍以不断增长的“人”（即用户）为基础，但逐渐向“物”发生转变；另一方面，在数据来源更加丰富的前提下，包括网络通信技术、数据处理方法在内的多方面因素又共同推动着数据处理模式从单机模式、云模式逐渐向边缘模式、云边协同模式发生转变。

8.1.1　数据来源

可以将互联网上的数据来源主要分为以下方面。

1.人

在过去的 10～20 年，传统互联网以个人计算机端为代表，向移动端方向不断延伸，从基础的电子邮件，快速发展成为具备搜索、社交、购物等一系列生活、生产功能的综合技术体，而这一系列网络应用的发展，推动着不断扩大的用户群体产生越来越多的数据。

随着互联网用户数量的发展逐渐进入瓶颈，人们自身能够输出的数据的增长速度也逐渐变得缓慢，但每位用户所拥有的设备数量还积存着大量潜能未被释放。

2.物

随着移动计算、物联网、工业物联网等新兴技术的涌现，互联网迎来了新的下半场——万物互联。在万物互联时代中，各行各业的物品都能够通过网络进行连接，例如生产制造业中的机床、交通运输业中的机动车辆、医疗健康业中的心率传感器等。这些设备在传统的基础功能之上，具备了网络接入、网络访问等能力，使得人们无须直接接触实体，便能够获取最新的运行状态、传感数据、上下文环境等信息。

对于“物”的发展规模而言，一方面，每位用户所拥有的连网设备数量不断增长；另一方面，全世界范围内的物联网设备整体数量更是达到了惊人地步——Transforma Insights 的报告指出，截至 2019 年年底，物联网设备数量已经达到了 76 亿个，并预计到 2030 年增长至 241 亿个。

物联网以及工业物联网设备的快速增长，不可避免地带来了海量的数据，不同于传统互联网以人为中心的数据生成，一方面，这类新型数据通常具有更加复杂的特性，同时包含着更加多样化、更高价值的信息；另一方面，数据产生的位置也逐渐从网络中心迁移至网络边缘。这些在网络边缘端产生的数据由于规模巨大、时效性高，难以通过传统的网络基础设施传输至云端数据中心进行统一处理，因此亟待边缘平台发挥地理位置优势。利用云-边-端协同平台的强大支撑，可帮助数据处理应用实现更低成本、更加高效、更高性能的数据挖掘、分析与决策。

8.1.2 处理模式

1.演化过程

(1)数据处理任务模式

随着计算平台由探索阶段逐渐发展至云阶段，数据处理任务模式也相应地经历了数次变革。

①单机模式：在互联网技术还未大规模覆盖时，任务处理过程通常以个人计算机、专用服务器等独立的个体进行实现，性能主要受制于机器本身的资源瓶颈。

②个人计算机-服务器模式：由于网络技术（尤其是宽带技术）的普及，任务处理所需的操作请求、数据内容等信息能够通过 LAN、WAN 在客户机（例如个人计算机）与服务器之间进行传输，从而使得用户能够利用服务器的大量资源，处理更为复杂的运算。

③移动计算模式：伴随智能手机、平板计算机等一系列轻薄的便携式设备的出现，移动互联网逐渐成熟，并在越来越多的场景下取代了原有个人计算机的地位。但受限于体积以及无线的特点，这类设备通常无法负担较为复杂的处理任务，需要将它交由数据中心来完成。

(2)云、边、设备的特点

如今，物联网、工业物联网应用成为互联网新的爆发点，迅速增长的数据量使得传统的任务处理模式都难以应对，计算平台由逐渐成熟的云阶段开始转向云边协同阶段，探索新的任务处理方法。其中，最为首要的问题便是云、边、设备三端之间如何协同，换言之，这三者之间如何进行交互，才能在保证应用需求的前提下，最大化性能表现（例如运行效率），同时尽可能地降低成本。

①数据中心：优势在于海量资源可供调配，在计算能力、存储规模等方面难以替代。在智能化服务场景下，能够进行全局性、长周期、大数据训练。

②边缘节点：作为云平台与用户设备的媒介，边缘平台分布广泛，十分靠近数据产生源，相比用户设备而言具有更多的资源，能够容纳一定规模的数据处理任务，但仍难以达到数据中心的性能水平。

③智能设备：作为与用户直接交互的产品，它的功能、形状、性质均具有较大差异，但总体而言，计算能力十分有限，且具有较高的动态性、不稳定性。

（3）云—边—端协同模式

结合云、边、设备三者的特点，根据在任务处理过程中可能的参与程度进行分级，提出以下 4 种云—边—端协同模式。

①1 级：终端设备（例如传感器、监控摄像头）作为数据产生源，直接将原生数据通过网络上传至云平台，完成所有的数据处理、分析等一系列任务，并将结果再次通过网络发送至用户。该模式接近于传统的云计算范式，没有边缘平台的参与，目前已被广泛应用，但面对新型应用的延迟、带宽需求难以满足。

②2 级：将任务进行切分，将不同的子任务部分卸载至边缘平台或云平台。具体而言，设备根据多样化的策略以及各平台资源的特点，通过 LAN 或蜂窝网络将部分的数据处理任务传输至边缘节点，将其余的任务部分传输至云端节点，协同完成整体的计算。对于卸载至边缘平台的任务而言，通常是轻量的或是延迟敏感的类型，例如：

数据预处理，包括数据清理、完整性检查、敏感信息加密等；

数据流实时检测，利用流式计算对持续发生的事件进行监控，并在检出异常后以极低延迟进行决策；

模型实时推断，利用云端训练好的模型，进行低延迟的推断任务。

但由于本身资源所限，边缘平台在面对规模庞大的原始模型（例如数百兆甚至数千兆的深度神经网络模型)时,可能无力运行,需要对它进行压缩,使用包括量化降低权重参数精度、结构剪枝、知识蒸馏等技术在内的方案,减小模型体积,加快运行速度。

对于卸载至云平台的任务而言,通常是对计算资源要求极高的复杂性任务,例如神经网络模型训练、大数据分析等。该模式下边缘平台较大程度受限于资源短缺,仅承担一定程度的数据处理任务,因此对云、边两者协同模式下的任务卸载调度提出了更高难度的挑战。

③3 级:数据处理任务将主要卸载至边缘平台,完成绝大部分的计算任务,包括数据读取、预处理、分析、决策等。此模式下,云平台仅承担全局性的、必要性的任务,例如全局资源管理、边缘平台调度、数据共享以及远距离通信等。该模式要求边缘平台已经较高程度地覆盖了网络边缘范围,且能够为数据处理提供性能(例如延迟、吞吐、稳定性等)、隐私等方面的可靠保障,运行需要较高要求的复杂计算任务,使得设备能够信任并依赖于边缘平台的能力。

④4 级:设备本身能够承担主要的任务处理。此时,不论是轻量级的异常检测、模型推断、敏感性的数据加密,还是更为复杂的大数据统计、模型训练,都能够运行在设备本身。这不仅要求任务处理技术的攻坚,更要求设备本身(尤其是硬件层面)的突破性进展,以保障在计算、存储、能源(例如电量)等方面为数据处理提供有力支撑。此时,边缘平台将作为区域性的媒介,连接海量的物联网、工业物联网设备,对它进行通信管理、资源调度;同时,云平台作为全局性的媒介,承担广域下的技术支持,包括全局通信、同步、调度等方面。该模式对当前软、硬件的技术发展均提出了极高的挑战,需要研究人员更加深入探索。

需要注意的是,1～4 级的不同协同模式之间并非具有明确的界限,即便在同一系统中,也可能同时存在跨多级或介于两级之间的处理方案。另一方面,对于诸多复杂的场景,“集中”与“分布”的程度没有限制,云、边、端三者的计算能力如何合适分配也没有定式,需要以上述 4 种协同模式为基础,根据实际需求,灵活设计实现。

目前,已经出现一些公司初步实现了连接云边的开发框架,能够直接在边缘平台开发机器学习应用,例如微软公司的 Azure IoT Edge

Runtime。

未来，随着 1～4 级交互模式的发展，数据处理热点逐渐从网络中心走向网络边缘，这将带来带宽、延迟、能耗等多方面的提升，但如上所述，也同时面临着技术领域更大的挑战。

2.驱动因素

数据处理模式由最初的单机模式，基于协作技术，逐渐发展为联机模式，继而在任务卸载以及云计算技术的支撑下，转变为云模式。如今，正如前面所述，传统的云模式正在转向以边缘计算技术为突破点的云边协同技术模式。而数据处理模式的一系列转变，除了数据来源由传统互联网的用户本身逐渐向物联网时代的“物品”发生迁移，还有以下方面的因素同样发挥着重要作用。

(1)网络通信技术

随着网络通信技术由第三代、第四代向第五代(5G)转变，网络基础设施，尤其是用于无线通信的数字信号蜂窝网络的性能将进一步提升。2023 年，全球平均带宽速度达到 110 Mb/s，平均移动(蜂窝)速度将达到 44 Mb/s，其中 5G 平均速度将达到 575 Mb/s，是平均移动连接速度的 13 倍。

网络数据传输速度的巨大提升，必将推动更多应用将计算任务卸载至云边协同平台，以进行更高能效、更低延迟的数据处理。

一方面，更高的数据传输速率使得计算任务以及任务所包含的数据内容(例如体积庞大的图像、视频)能够在更短的时间内，以特定的策略卸载至云边协同平台，交由数据处理系统进行下一步的操作。另一方面，5G 网络还将具有更低的延迟，利用分布广泛的基站，可以设想将边缘平台中的计算节点部署至无线网络接入点附近，以充分地利用 5G 无线通信带来的从用户设备到网络接入点的第一跳过程(first hop)的低延迟优势，为延迟高度敏感的关键任务处理提供更为可靠的保证。

在未来，终端设备有希望借助 5G 传输实现无须下载安装核心软件而直接在线运行的流畅体验，物联网能够将所感知的数据借助 5G 与云端 AI 无缝融合，实现智联网(AIOT)的智能方案。

(2)数据处理方式

可以将数据的模式大致归结为批数据、流数据两类,并依此对数据处理方式进行划分。

①批处理:大规模的全量数据,例如银行历史交易记录、监控设备存储录像,通常基于云计算平台,利用大数据相关技术进行批量处理,例如数据清理、统计、分析,并做出后续决策。这类数据由于其海量规模的特点,数据处理系统通常成批地进行处理,因此,批处理优化水平将直接影响整个数据处理过程的效率。目前,基于云平台,Hadoop、Spark 等系统不断发展并愈发成熟,为大数据的批处理提供了存储、计算等方面的有效支撑。

②流处理:不论是生活还是生产,不论是人体还是物品,事件的发生、指数的波动,在本质上均以“流”的形式出现。随着新型应用的不断发展,这类流式数据成为愈发重要的信息载体,需要新型数据处理系统对它进行低延迟、高吞吐、稳定的实时处理,即流处理。不同于传统批处理方法,流处理具有输入数据多元化、输入速率动态化以及性能需求极高等特点。其中,性能主要表现为系统对输入数据进行处理进而得到即时结果的速度。

③批流融合处理:对于已经存储于磁盘或内存中的全量数据与实时生成的流式数据,越来越多的关键任务执行需要结合两者,进行批流融合处理,以达到全量数据计算的准确性与实时数据计算的高响应。对于这类新型应用,势必需要结合云平台、边缘平台以及设备平台三者,利用云边协同环境为上层数据处理系统提供充分的底层支持。

例如,能够利用云平台实现海量历史数据的统计与分析,基于深度神经网络等技术训练智能推断模型;同时,利用边缘平台部署预训练的神经网络模型,对高速产生的流式数据进行低延迟的推断,并采用在线学习的方法,对模型加以细粒度的改进或调优。

同时,还有更多的技术性以及非技术性因素共同推动着数据处理这一广泛应用的技术的运作模式不断地发展、不断地成熟。

8.2　云边协同系统管理

云边协同大数据处理作为云边协同平台的关键应用，提供能够服务于各行各业新型场景的巨大潜能。同时，云边协同平台作为云边协同大数据处理的底层架构，提供了坚实的、先进的环境支撑。换言之，没有基础平台层面良好的管理技术，应用层面的云边大数据便难以最终落地。

作为数据处理应用的支撑环境，云边平台承担着举足轻重的作用，同时也面临着诸多技术方面的问题，其中最为关键的便是任务（作业）管理。不同于单机处理模式，云边协同环境需要系统提供良好的任务管理能力，才能充分利用云-边-端层次化架构带来的性能提升。任务管理不仅包括任务的划分、卸载、调度等过程，还需要考虑资源调度（包括服务器的软硬件资源、网络资源等）、应用服务部署等问题。

因此，在本节中，首先介绍云边协同平台下的应用负载包括哪些内容，特别是 3 种典型的负载模式；其后，将围绕不同的应用负载模式，介绍任务管理相关技术；最终，将展开对资源管理技术、应用管理技术的介绍，并仍以任务管理中的卸载技术为核心，对“资源管理”“应用管理”的多目标技术优化的前沿研究进行分析。

8.2.1　云边协同负载

根据不同的应用场景特点，可以将云边协同环境下的数据处理应用负载抽象为 3 种模式：云到边、边到云以及边到云到边。

1.云到边

由于云平台通常处于网络中心，因此对连接到网络上的边缘节点及设备具有全局管理能力。利用这一点，由云到边的负载模式能够从云端对于分布广泛、异构性强、不易直接管理的边缘节点进行统筹调度，使得用户仅需要通过单一的接入点访问云平台提供的相关接口，而无须经历复杂的网络拓扑寻找及发现特定边缘节点。

（1）云到边的负载运行过程

可以将云到边的负载运行过程概括如下。

①用户接入网络，访问运行于云平台上的管理系统并进行相应操作，或通过应用程序接口（Application Programming Interface，API）的方

式发送符合相关协议及规范的请求到系统后端。对于不同场景,用户与运行于云平台的应用交互的方式可能有所不同。

②云平台在接收到用户的请求后(包括数据内容、指令内容、加密方式、指定节点等),根据特定协议进行解析,获取最终面向边缘节点的具体内容(例如数据、控制指令等)。在某些情况下,云端可能需要对解析后的内容进行进一步处理:一方面,对数据进行预处理等基础操作,例如编解码、压缩、加密、打包等;另一方面,可能需要较为复杂的处理过程,例如将用户提交的样本数据输入深度神经网络模型中,使它进行迭代式学习,不断优化自身参数,并获得训练完成的模型,或者将用户的源代码进行面向生产环境的编译、构建,获得用于部署的应用程序。这一步的处理性能将在不同程度上依赖于云平台的资源以及负载情况。

③云端将处理后的内容通过 WAN 分发至网络边缘端的节点。根据传输内容、接收者数量、网络拓扑优化程度等方面因素,这一分发过程可能占用不同规模的网络带宽资源。

④边缘端接收数据,并进行解析,执行后续操作。具体而言,对于具有一定安全保障的网络通信过程而言,边缘节点需要对数据的发送方进行身份验证,防止异常攻击者进行恶意的命令指派,同时需要对数据内容进行检测,例如检查完整性避免丢包、检查可执行性避免云端指令与本地设备无法兼容、检查时效性避免由于意外导致的过期指令等。随后,边缘节点将针对云端发送来的数据和命令根据预设程序进行处理,必要时将加工后的指令发送至特定的终端设备予以执行。

(2)特征与问题

对于该模式下的负载,通常具有以下特点。

①低频性:主观上,由云到边的负载通常由用户发起,包括用户主动请求、定时请求等,因此任务实例之间的时间间隔通常较长;客观上,这类任务通常具有较低的延迟敏感度,对于任务处理的完成时间没有极为严苛的要求。

②安全性:一方面,负载由云端发起,另一方面,具有全局调度能力的云平台拥有范围较广、程度较高的权限,因此对于发起请求的用户身份的鉴别是云平台首要的任务。不同于传统数据处理系统,云边协同环

境下的任务可能包含大量关于终端设备操作的内容，不当或恶意的指令可能造成系统的异常，甚至危及终端设备所处的环境安全。

③感知性：一方面，云平台与边缘平台通常在物理距离上相距较远，所处环境差异较大；另一方面，边缘节点“多而杂”的特性使得它难以统一管理。对于与云平台直接交互的用户而言，对于边缘平台的环境细节、实时变化的感知性有所限制。因此，这种负载模式下，为用户带来便捷的同时，也使云端操作的精度有所降低。如何高效获取边缘节点、边缘设备的最新情况，是影响云边协同系统实用性的一个重要因素。

(3)应用场景

对于云到边的负载模式而言，较为典型的应用场景包括：

①应用服务部署。由于开发者难以直接与独立分散的大量边缘节点直接交互，因此将应用高效部署至边缘成为云端的首要任务之一。借鉴云平台容器编排框架 Kubernetes 的理念，KubeEdge 框架将应用部署的范围扩展到了边缘平台，使得开发者能够在单一的云平台实现应用程序在边缘节点上的容器化部署，大大降低了对于边缘节点应用的维护成本。

②远程设备控制：如前所述，随着物联网不断地发展，智能家居（例如苹果公司的 Homekit、小米公司的米家等）已经越来越多地出现在了大众的日常生活中。而对于智能化的家庭设备的操控，一个主要的方式便是通过手机中的相关应用软件，用户进行点按甚至语音对话，基于网络向云端的家居管理平台发送指令，云端再将指令下发至特定的设备，实现远程控制。例如在冬季的傍晚，能够提前打开家中的空调器进行预热，启动电饭煲按照预设模式开始煮饭，或是离开家后断开电器的电源，锁上房门与窗户。

2.边到云

对于发起者而言，由云到边的负载过程通常由使用云平台的用户发起，而由边到云的负载过程通常由终端设备自主发起；对于执行者而言，前者主要由边缘节点或终端设备执行云端下发的指令，后者主要由云端执行边缘端的数据处理请求；对于数据流向而言，顾名思义，前者主要由云端流向边缘端，后者主要由边缘端流向云端；对于自动化程度而言，前者可能有用户的人工参与，后者更多为系统内部控制的自动化处理。

(1)边到云的负载流程

根据以上差异，可以将由边到云的负载流程概括如下。

①边缘节点控制所连接的终端设备进行多元化数据的采集，例如视频、静态图像、传感数据(生理体征参数、空间位置信息等)。对于单一的节点而言，所连接的数据产生源(终端设备)通常是不唯一且动态的，即一个节点可能同时连接数百甚至数千个数据输入源，且随着时间的迁移，不同的终端设备的连接状况可能不断发生改变，连接至边缘节点的数据源随之新建或断开，这对节点的连接管理能力提出了挑战。

②边缘节点对于终端设备采集的数据进行解析及处理。根据边缘节点计算能力、任务场景本身的特点等静态因素，节点负载情况、请求服务质量要求等动态因素的差异，这一过程的具体执行内容存在很大不同。对于轻量级场景而言，边缘节点可能需要依照时序、规模、预设优先级等条件对多数据源进行整合，去除冗余数据、压缩数据体积，以降低网络传输带宽的占用、流量的开销，或进行敏感信息的加噪、加密，以保证局域内的数据在上传过程中以及云端处理过程中一定程度的安全性。对于较为复杂的场景而言，边缘节点可能承担着部分或全部由传统云平台所执行的任务，例如基于深度神经网络模型对采集的视频流进行物体检测、物体追踪，对图像进行人脸识别，获取实时推断结果。

③将处理后的数据通过网络传输至云端进行处理。根据任务具体的卸载策略不同，边缘端承担的具体计算任务不同，云端获取的数据也随之改变。一方面，云端接收到边缘节点发送的预处理后的数据，需要进一步加工，例如数据解码、清洗、聚合，并对加工后的数据进行模式匹配、规则检验等，甚至进行深度的挖掘、分析、统计，以获取其中的价值；另一方面，云端可能直接接收边缘节点执行数据处理任务之后的结果，将结果进行汇总分析，或进行存档，而无须进行复杂的计算。需要注意的是，对于同一个任务而言，云端所需连接的边缘节点可能不唯一，因此需要恰当处理多节点数据源聚合的问题，以保证充分利用边缘采集数据的价值。同时，由于云端与边缘端的物理位置较远，因此云端需要制定相应的协议，对上传数据的边缘节点身份进行校验，防止恶意节点发送

攻击数据，扰乱系统的正常运行。

(2)特征与问题

根据上面所述的负载执行流程，能够发现此负载模式具有如下特点。

①数据密集性：数据作为驱动边缘平台发展的一个重要因素，对整个数据处理系统的运行起到了至关重要的作用。更加接近数据产生源的边缘节点需要持续地接收终端设备采集的数据输入，因此，一方面，对边缘平台的数据缓存、存储能力提出了更高的要求，需要对短时大量涌入的数据具备高吞吐的接受能力，避免数据的混乱甚至丢失；另一方面，对云—边之间的网络通信能力提出了挑战，需要边缘端将大规模的数据通过网络传输至云端，可能占用大量的上行带宽，增加网络成本。

②隐私性：由于终端设备直接面向用户、直接采集现场数据的特性，这类数据通常具有较高的完整性、时效性，为数据价值挖掘、内容分析、用户画像生成等方面提供了良好的支撑，但同时也可能包含有大量的隐私及敏感信息。例如随着小型智能设备的普及，越来越多的用户购买并使用可穿戴设备，这些设备将直接采集用户的生理指数、体征参数、移动轨迹，甚至用户与他人的对话、行为等，这些数据将与用户个体本身产生极大程度的关联，在多数场景下并不能够直接上传至云平台。

③请求频率高：相比云到边的负载模式，边到云的负载过程通常不需要人为参与，由边缘端发起，且持续进行，因此请求频率将大幅提高。

(3)应用场景

由于边缘平台距离边缘数据产生源更加接近的天然优势，因此应用场景也更加丰富。

在物联网大数据方面。

①智慧健康：越来越多的智能手环、智能手表具备了健康功能。例如，利用血氧传感器，设备能够在应用软件智能化算法的支持下，计算出血液的颜色，判断含氧量指标；利用心率传感器，设备能够全天候监测用户的心跳频率、不规律跳动；利用电子心脏传感器，设备能够获取用户的心电图；利用陀螺仪与加速度计，设备能够获取用户的姿态、行为以及运动情况等。越来越丰富的功能带来了越来越多的体征数据，这些数据能

够通过在边缘平台进行处理，并汇总至云端系统，向用户展示详细的身体健康内容，并通知用户是否具有潜在异常。

②传感数据异常检测：在工厂的车间中，设备运行温度、湿度、微生物数量等指标关乎设备的安全情况以及生产性能；在家庭房间中，天然气浓度、烟雾浓度更是关乎火灾等危险的发生可能。通过各种传感器设备采集数据并发送至连接的边缘平台，能够对这些数据进行低延迟的计算，与预设异常模式进行匹配，或通过神经网络模型进行推断，实时获取数据中是否存在异常事件。进一步地，可以通过边缘平台将数据发送至云端，进行大范围的数据源聚合，获取广域的传感器数据，进行更加深度的分析，预测未来异常事件发生的可能性。

在视频大数据方面。

①对于家庭安全而言，如何防止偷盗甚至人身伤害事件一直是人们十分关心的问题。借助室内安全监控摄像系统的布控，边缘节点能够实时接收家中各处的视频画面，在出现异常时，例如嫌疑人的非法访问，能够基于边缘端的计算能力通过深度学习快速检测并追踪目标的出现和移动，同时识别面部特征。若判断为陌生人，则大概率为非法入室行为的发生，即时上传云端，通知用户，同时触发预设的报警操作，将包括视频图像在内的证据发送至连网的公安机关，快速响应，避免更加严重的后果产生。由于边缘平台的数据处理能够在极低的延迟下完成响应，因此该过程将缓解传统案件中，案件发现、案件侦破的时间跨度大、难以追踪等问题，大大提升安全保障效率。

②对于地铁站、火车站等人流密集区域，如何准确且完整地获知每位人员的情况一直是相关场景的重点研究方向。传统的视频流通常需要上传至云端，或直接存储在外部设备中，待特殊情况发生后，利用人力进行排查，效率较为低下。通过边缘平台，能够将计算能力从云端拉近到靠近视频源的网络边缘端，实现视频采集后的实时处理，并将处理后的少量信息上传至云端，配合公安连网数据系统，在短时间内对图像识别出的每位行人进行记录，让通缉人员、黑名单人员无法蒙混。更进一步，安全监控系统能够使用新型的智能化模型，实现人体姿态识别、行为检测，直接通过视频判断是否存在或发生异常事件，加快事件处理速度，

降低大规模人群危险事件发生的概率。

3.边到云到边

整合由边到云以及由云到边的过程,加以优化,形成边到云到边的负载模式。对于该模式而言,一方面,连接大量终端设备的边缘平台充当请求发起者,向云平台发送数据处理任务请求;另一方面,边缘平台充当请求执行者,接收从云端下发的指令或数据,执行相应的操作。由于边缘平台在整个数据处理任务流程中承担的角色功能更加完整,配合云平台的能力,能够实现更加丰富的应用,为更多行业的智能发展提供支撑。

(1)运行流程

可以将该模式的运行流程概括如下。

①边缘平台控制终端设备进行数据采集。该过程并不局限于视频摄录系统、传感器感知系统等主动型信息获取,同样包括用户发出语音、与设备交互等被动型信息接收。

②边缘端对多数据源输入进行聚合,对数据内容进行预处理。如同上述两种负载模式,边缘端根据数据处理系统设计人员的方案,利用不同程度的计算能力对数据进行轻量或复杂的计算。

③边缘端将生成任务请求,并连同所需数据、上下文环境信息、任务处理性能要求等内容一起发送至云端。

④云端接收请求以及包含的数据内容,进行进一步处理。

⑤云端将处理后所获取的结果发送回边缘平台。一方面,该结果可能包含多种形态,例如是由原始数据进行加工后的便于边缘平台解析的内容,是根据输入数据以及任务要求进行计算得到的结果,或是与原始数据并无直接关联的内容(更新后的深度神经网络模型等);另一方面,云端将结果发送至的边缘节点可能与最初发起请求的边缘节点并非同一处,即请求的起点与处理的终点不归属于同一边缘节点中的应用,此时,边到云到边的负载流程涉及范围与前两种负载模式产生较大差异,覆盖区域更广,网络拓扑更加复杂。

⑥边缘平台接收云端响应的结果,更新本地数据,或执行相应操作,例如控制终端设备更新内部状态、调整机位姿态等。

(2)特征与问题

由于该负载模式覆盖了由边到云再到边的数据回路，因此通常数据处理任务更为复杂、多样。根据此模式下的大多数应用场景，能够将它的特点总结如下。

①延迟敏感性：边缘节点源于传统云平台对于新型应用数据处理任务时响应延迟较高的原因而被提出，因此将承担缩短网络传输距离、降低处理开销的使命。对于由边缘发起任务，并最终回归至边缘平台的负载模式而言，系统延迟(包括从发起点一直到终止点的整个流程所花费的时间开销)将更加难以控制，同时对应用整体性能的影响将更为明显。具体而言，边缘平台将任务进一步交由云端进行处理的原因主要分为两部分：一方面，边缘端计算、存储等资源不足。在这种情况下，数据处理系统利用云端大规模的算力执行边缘端难以完成的任务；另一方面，边缘端服务范围受限，需要借助处于网络中心的云端平台对网络全局内的其他节点进行交互。这两种情况下的响应延迟受到计算能力、任务等待队列、网络拓扑优化、网络路由节点时延等外部因素影响，同时受到任务计算量、数据规模等内部因素的影响。相比前两种更加可控的单向数据模式，边到云到边的流程对于延迟的要求将更为苛刻，需要更加深入的技术优化。

②灵活性：虽然边到云、云到边的双向特性对系统性能优化提出了更为严格的要求，但同时也为更加复杂的应用场景提供了丰富的可能。首先，应用能够充分利用终端设备、边缘平台、云平台的分布式结构，不必受到数据流向的限制，实现云边之间的双向交互；此外，处于网络边缘端的应用能够利用云平台的全局优势，与远距离的边缘节点进行交互，实现不同区域边缘节点之间的协同。

(3)应用场景

对于边到云到边的负载模式，可以将应用场景划分为两类：同一边缘节点既充当请求发送者，又充当命令执行者；请求发起者与命令接收者不为同一边缘节点。

对于前者，由边到云再到边的数据处理过程形成了逻辑上的回路，实际的应用场景如下。

①智能照片管理(识别及分类):以往,在大量的照片中寻找一个人或一件东西需要人工地去一张一张翻阅,而借助包括深度学习在内的智能识别技术,便能够通过关键字或系统生成的预置分类,快速发现目标。智能模型的训练是影响推断准确率的关键因素。在云—边协同的环境下,智能设备能够收集图像,经过脱密、加噪等隐私处理后,发送至边缘平台。其后,边缘平台将采集的大规模样本进行整合,作为训练数据进而发送至云端训练程序。云平台接收这些数据,输入到模型中,通过迭代式的计算(例如随机梯度下降方法)更新模型参数集合,提升模型性能,并将更新后的图像识别模型下发回边缘平台,供用户实现图像分类等操作。

②用户行为学习:当人们早晨醒来,智能手表会提醒按照往常一样开始晨跑锻炼;当人们戴上耳机,智能手机便出现音乐播放器,按照喜好推荐音乐;当人们放下手机,它便自动进入低电量模式。这些场景好似智能设备能够“透视”人们的心思,实则是机器在学习人们的生活习惯。想要实现智能化的用户行为推断,同样需要部署在云端的深度神经网络模型,接收由边缘端采集的用户行为数据,更新行为预测模型,并传输至边缘平台,为用户身边的智能设备提供服务。越来越多的智能化场景走进人们的生产生活,而这些技术在未来的进一步发展,都离不开边到云到边的数据处理模式,为它提供高性能的底层支撑。

对于后者,整个数据处理过程将形成端点处于网络边缘,同时跨越网络中心的长距离链路。此时,应用场景如下。

①基于物联网的智慧城市场景下,交通摄录系统采集的视频流将不再像传统的处理方式,直接存储于光盘、硬盘等外部设备中,而能够在更高时效性的前提下发挥更大的作用。具体而言,遍布于城市道路上的拍摄系统能够不间断地采集实时的画面,边缘平台能够对视频流进行预处理、车辆检测、事故识别,或在负载过高、算力不足的情况下将视频分析任务卸载至云端进行。云端获知各个区域内边缘节点发送的交通情况后,一方面,能够及时调整交通信号灯、可移动路线标识等,同时向城市交通管理系统进行上报,交由相关人员进行下一步的操作;另一方面,将整合后的结果发送至连网的车辆,使得可能途经拥堵或事故发生区域的

车辆能够采取绕行措施，缓解交通压力，提高行车效率。

②随着自动驾驶以及车联网技术的发展，路边单元能够采集实时道路信息，由边缘平台进行处理，生成区域性的、动态性的高精度地图，发送至云端中心枢纽进行整合，并将融合后的结果返回车载计算平台，为车辆提供高精度的地图服务。借助于云平台的全局调度能力以及边缘平台低延迟计算服务，边到云到边的车联网应用模型将克服传统地图数据更新难、精度低以及它导致的定位偏移、导航路线规划误差等问题。

同时，应该认识到，上述的云到边、边到云、边到云到边的 3 种负载模式并非具有明确界限的独立性，在不同的应用场景下，3 种模式可能在不同程度上共存，发挥不同的作用，共同为云边协同的数据处理系统提供支撑。

8.2.2 任务管理

1.介绍

对于云到边、边到云、边到云到边的 3 种负载，都需要基于任务管理(特别是任务卸载)技术来实现。作为计算任务执行的关键一环，任务卸载在基于云边协同平台的数据处理流程中占据重要地位。

在云边协同数据处理中，计算任务根据特定条件，能够运行于设备本身，或卸载至边缘平台以及距离上更加遥远的云平台。

(1)卸载过程

对于应用卸载过程而言，主要面临以下 3 个方面的问题。

①应用划分：对于一个完整的复杂任务，计算系统通常无法在一步或少量步骤之内完成所有运算。即便是利用端到端的神经网络模型，内部大量的运算仍然能够从不同维度上划分为不同模块，从而将它分割为一系列顺序的或并列的子任务。对于顺序的子任务，之间通常存在数据依赖性，即前一步的结果是后一步的输入，这为不同子任务的分别执行增大了调度难度；对于并列的子任务，通常能够更加灵活地在同一机器的不同处理器核心或不同机器上并行地运行。如何划分应用任务，以将不同的子任务按需地放置于不同的平台进行运算，同时满足用户要求，最大化执行效率，尽可能降低成本开销，正是应用划分所研究的问题。

②任务分配：针对①中所获得的一系列子任务，在任务分配阶段需

要按照不同子任务各自的特性、子任务之间的关联性，以及目标环境的信息，将它分别放置在不同的机器上，即分配至特定的计算节点。对于中心化云环境而言，计算集群通常在系统中以一个整体的形式出现，因此仅需将所有的任务发送到统一后端即可；但对于分布式的边缘环境而言，不仅需要考虑不同的计算节点是否存在所需的应用服务、节点的负载、权限以及运行成本，还需考虑存在多个节点可同时为用户提供服务时的选择问题。

③任务调度与执行：如今的计算节点通常拥有多种资源（包括计算、存储、网络资源等），同时也运行着多个应用程序。而在资源受限的边缘平台下，计算节点需要认真对待每一项资源的分配，以及每一个应用的调度，以实现尽可能高效率的执行过程。这个内容将在本节的"资源管理"部分继续介绍。

（2）卸载粒度

卸载过程中的"应用划分"作为第一步，承担了极为重要的作用，对任务的执行甚至系统整体运行效率都将会产生较大影响。目前而言，可以将卸载粒度分为 3 种。

①完全卸载：即将应用本身作为一个整体，通过网络传输至其他计算平台，进行处理。

②任务及组件：将一个应用按照不同任务或不同的组件的方式，分别卸载到不同的平台加以处理。

③方法及线程：相较于前两种，该粒度更为细致，将任务中具体的方法、过程或执行线程分别地卸载至外界资源上运行。

在此基础上，应该针对不同场景灵活设置划分粒度，例如，对于大规模的深度神经网络模型运算任务而言，能够将它按照"层"的粒度进行划分，将不同的层卸载到不同的计算节点或者计算平台加以运算，并连接不同层之间的运算结果，实现整体的计算；也能够将它按照"纵向"的方式进行划分，将不同层的对应部分作为一个整体进行卸载。不同的卸载粒度之间不存在完全替代或优劣的问题，而是相辅相成，需要根据用户需求、任务特点、平台资源、系统架构等多方面的共同考虑，决定最终的应用划分方案。

同时，对于能够协同服务于同一区域内计算请求的多个边缘计算节点，任务卸载过程则同样需要细粒度优化。一方面，假设以下情况：给定一组节点，给定一组任务请求，基于响应延迟、吞吐、安全性等多方面的性能目标，考虑用户移动性、成本预算、资源可用性等多方面因素。如何尽可能地使得任务请求高效地分配至不同的节点上运行，实现最高的服务质量，决定着系统整体的运行效率。另一方面，对于多节点交叉的服务范围，利用多节点的协同计算实现更高性能的数据处理，同样具有潜力，但面临着节点间通信、任务进程同步、跨节点资源调度以及任务迁移等可能的问题。如何根据边缘服务器、终端设备以及两者之间的网络状况动态地将数据调度至合适的服务提供者，正是任务管理技术所需解决的一大难题。

2.前沿研究

云边协同的任务卸载。EUAGame方法为了使得更少的边缘服务器节点能够服务更多的任务请求，基于博弈论对边缘用户分配(Edge User Allocation，EUA)问题进行建模，设计并实现了去中心化的、条件(尤其是距离、资源)受限情况下的优化算法，能够在有限次迭代后达到博弈过程中的纳什均衡，并得到最终的分配策略。

PG-SAA方法对于在动态性上的局限，基于时间槽(time slot)的概念，将能源感知的应用放置问题建模为多阶段的随机过程，同时考虑了用户的移动性(导致的重新定位)、能源预算以及计算资源可用性。该方法利用蒙特卡罗(Monte Carlo)方法，基于SAA(Sample Average Approximation)算法实现，能够以贪心的思想解决每个时间阶段的整数优化问题(integer optimization problem)。为了更加符合真实场景，针对云边协同的任务分派(基于延迟、带宽、服务器处理能力等方面选择任务卸载到某个服务器节点)以及任务调度(网络带宽资源调度以及计算资源调度)问题，基于启发式思想，提出了中心化的调度算法Dedas以及分布式的近似算法D-Dedas。

研究人员发现，利用新兴的强化学习技术，能够有效帮助边缘任务卸载的决策过程优化。通过元强化学习，提出新的任务卸载方法，即基于先前经验进行学习，在外层循环针对边缘平台训练元策略，在内循环面向用户设备对特定的卸载策略进行学习，后者通常仅需较少的样本即可在有限资源下完成，以此来加速模型适应新环境的效率。在具体实现中，该研究还将任务卸载过程表示为一个序列到序列（sequence-to-sequence，seq2seq）的网络，并提出新的训练优化方法，进一步加速模型学习过程。但考虑到以上中心化的卸载决策无法满足用户个体化的需求，基于博弈论，提出了去中心化的卸载决策算法。研究人员将问题建模为多客户端的部分可观察的马尔科夫决策过程（Partially Observable Markov Decision Process，POMDP），基于带有策略梯度和差分神经元计算器（能够帮助记住历史信息、推断隐藏状态）的深度强化学习（DRL）技术，使得该算法能够从博弈历史中学习最优卸载策略。

此外，从能源效率的角度出发，另辟蹊径，基于近场通信（Near Field Communication，NFC）技术提出了低能耗的计算任务卸载框架，采用新的通信协议，使得设备能够将计算任务卸载到具有 NFC 读取器的设备或边缘计算节点。

（1）面向特殊场景的任务卸载

不同的应用场景对任务管理（特别是任务卸载）方法的需求不尽相同，因此，针对特定的场景，不同的研究人员给出了专门的优化方案，以进一步提升性能。

①针对社交式虚拟现实（VR）数据处理场景，ITEM 算法发现对于 VR 的计算服务，需要与对应用户、与其他用户对应的服务频繁交互，以实现联机操作，因此多个 VR 计算服务之间的距离越近性能越好。基于此理念，该算法对服务激活、放置、距离、主机出租四方面成本进行了综合考虑，构造了确定的且易于实现的图模型，编码所有的成本，将应用服务的卸载问题（成本优化问题）转换为图裁切问题。该算法基于最大流求解方法，能够迭代式地计算最小裁切，每次迭代可以同时确定多个服务实例的放置问题。由于总的复杂度为多项式时间，因此收敛快速。

②针对基于无人机的卸载场景，研究人员提出边缘协同框架：无人机作为需要卸载任务的终端设备，将无人车作为（动态）雾计算节点，基站作为（静态）备用节点，三者相互协同。该框架提出了分布式的稳定匹配算法，在考虑无人车的轨迹和速度的同时，将计算任务卸载问题转化

为双边匹配问题（一边为无人车，一边是无人机），实现了双边的偏好列表，并提出迭代式算法，根据偏好列表计算无人机与无人车的最佳匹配。

③针对“空-天-地”集成网络的云边计算架构，SAGIN 框架集成了卫星网络（近地轨道卫星提供高速接入、同步卫星作为数据传输中介）、天空网络（包括无人机、高空平台、热气球）和陆地网络，提供无缝、灵活的网络覆盖。具体而言，该框架使用卫星提供对云平台的访问，使用无人机提供靠近用户的边缘计算：将无人机计算资源虚拟化为虚拟机，将虚拟机资源分配和任务调度问题转化为混合整数规划问题，提出一个高效的启发式算法来解决。同时，该框架将任务卸载问题转化为马尔科夫决策过程，对于环境的动态性，提出一个模型无关的深度强化学习的方法，动态地计算最小化成本（延迟、能耗、服务器使用成本的加权），同时考虑多维网络的动态性和资源限制，获得最优卸载策略。在深度强化模型学习过程中，采用基于策略梯度的 actor-critic 学习算法以应对大规模搜索空间，提升学习效率。SAGIN 框架考虑了远距离能耗以及不同平台计算资源的限制，解决了在郊区或乡村地区传统网络（例如 4G、5G 蜂窝网络）难以覆盖的问题。

（2）去中心化的任务卸载

在真实的边缘环境中，受限于很多情况，用户的任务无法由网络操作者（例如边缘节点）进行统筹调度，而进行任务卸载决策的用户又无法获知边缘节点服务范围内所有的其余用户状态，造成了决策信息的缺失，也就是先验不足的去中心化问题。将问题转化为少数者博弈（MG）问题，在每一轮决策过程中，每个用户都需要做出决策，最终站在少数派的用户获胜。这个多用户的少数者博弈过程能够推动用户在不完整信息的情况下与他人合作。同时，为了解决由用户任务的异构性和差异性导致的问题，该研究基于原生 MG 方法，将卸载任务划分为子任务，并使得任务能够尽可能地聚合到一系列的任务组中，不同的组将竞争使用边缘节点的资源，而未加入组的剩余任务使用概率性的方式进行决策调整。整体而言，该研究利用博弈论方法使得用户之间进行竞争，避免由于用户对边缘平台信息的缺失而导致的无法最优决策问题。另一种思路，通过模仿具有完备信息时的决策行为，来达到信息缺失状态下的近似最优决策。通过考虑边缘设备的通信和计算能力，该研究首先将问题转化为优化问题，基于随机化博弈理论，在具备完整系统状态信息的条件下推导出了博弈问题的纳什（Nash）均衡，并基于 ACKTR 算法找到专家最优策略，以对用户策略的生成提供示范。随后，该研究将优化问题进一步转化为奖励（reward）最大化问题，基于通用对抗模仿学习（GAIL）方法，设计了多用户的、基于部分观察的、去中心化的卸载算法 MILP。在该算法中，使用了集成卷积神经网络（CNN）、生成对抗网络（GAN）、ACKTR 的新型神经网络模型，使得用户策略通过最小化"观察-动作"对的分布之间的距离，模仿相应的专家行为（即具有完备信息的决策行为），进行决策生成。

（3）边缘设备之间的任务卸载

不同于借助边缘平台、云边平台的层次化任务卸载，一些研究专门针对边缘设备本身，对设备之间相互的任务卸载过程进行优化。

利用网络操作设施（例如基站）的协助，设备间（Device-to-Device，D2D）通信技术能够使得用户动态地分享计算和通信资源。D2D Fogging 框架利用这一点，实现了在线自适应的、轻量的任务卸载方法，能够协同多用户分享计算和通信资源，最小化任务执行平均时间。同时，该框架引入资源分享限制和能源预算限制，避免用户激励失效以及过度使用他人资源的问题。对实现而言，D2D Fogging 将任务卸载问题转化为 Lyapunov 优化问题，在每个时间帧内，基于提出的高效任务调度策略，仅使用当前系统信息进行任务卸载调度。进一步研究该过程中的负载均衡问题，将可卸载任务在设备之间协同进行的调度问题，看作最小成本问题，并提出 4 种跨节点的调度决策算法—Oracle、Proactive Centralised、Proactive Distributed 和 Reactive Distributed，在线地实现分布式节点的负载均衡。具体而言，该研究基于队列理论，对节点处理进行调度，通过对作业速率的调度而非直接针对具体单个作业，节省对每个任务的决策开销；同时，研究者还提出一个卸载成本函数，对包括电量、带宽、CPU（Central Processing Unit，中央处理单元）可用性在内的节点状态进行建模，并提出前摄性、反应性两种节点状态信息分享策略，进一步提高信息共享效率。

8.2.3 资源管理

1.介绍

对于平台而言，不论承载上层运行的应用服务于何种场景、输入何种类型的数据、运行何种模式的处理，资源均是它首要考虑的因素。

(1)硬件资源

所有的软件都不能凭空运行，均需要底层物理硬件的支撑。硬件资源是组成计算机系统的重要部分，包括以下几种。

①计算资源：能够进行运算、逻辑控制等行为，例如：CPU，已经逐渐发展成为广泛存在于个人计算机、服务器、主机等计算机系统中的(微)处理器，类似于人的大脑，承担着底层的算数处理、逻辑处理等任务。图形处理单元(Graphics Processing Unit，GPU)，随着人们对特定应用场景需求不断提高，更加针对化、专门化的 GPU 能够在并行计算等方面发挥出更高的性能。神经网络处理单元(Neural Processing Unit，NPU)，针对愈发强大的智能化应用场景，机器学习、深度学习等技术发挥着传统算法难以企及的性能。神经网络引擎(NPU)围绕智能技术的特点打造，能够赋予终端设备更加智能的边缘计算处理能力。目前，华为公司为智能手机设备推出的麒麟 9000 芯片已经拥有 8 核 CPU、24 核 GPU 以及 Da Vinci 架构的 NPU，能力已经相当于数年前的计算机。

②存储资源：包括持久化存储以及非持久化存储。前者通常以磁盘等外设的形式存在，由于断电后仍能够保持原有状态的特性，能够用于数据的长期保存、备份及恢复等。后者通常以内存的形式存在于计算系统中，它的容量决定了数据处理系统运行时能够利用的空间大小，例如，更大的容量能够容纳结构更为复杂的深度神经网络模型以及更大规模的样本批，实现更快的模型收敛速度以及更高的模型准确率。目前，苹果公司推出了使用统一内存架构的 M1 芯片，使得该芯片内的不同技术组件能够访问同一个高带宽、低延迟的内存池，无须将数据在多个内存池之间来回复制，从而让性能和能效都大为提升。

③网络资源：网络作为连接云边端平台以及各平台内节点的重要方式，在云边协同数据处理过程中发挥着重要作用。随着网络技术的发展，网络基础设施将在更大程度上影响应用处理过程的整体质量。同

时,网络资源调度问题也是云边平台建设过程中需要着重考虑的方面。

(2)软件资源

对于云边环境下的数据处理系统而言,基础软件资源包括但不限于以下几种。

①编程语言:编程语言作为人与机器交互的媒介,使得机器能够理解用户的意图,同时,用户能够根据自身的想法定义机器所需使用的数据、在不同情况下应当采取的行为等。不同的应用场景可能需要使用具备不同特性的编程语言来实现目标程序,以充分利用目标环境特点。对于云边协同环境而言,如何使得拥有海量资源、处于网络中心、负责全局调度的云平台,与资源受限、处于网络边缘、服务于局部范围的边缘平台,以及终端设备,三者之间基于不同语言接口的高效交互,同时能够降低开发者的编码成本,是新环境下数据处理框架需要考虑的因素。

②运行时环境:作为在生产环境中支撑程序运行的环境,运行时平台对数据处理系统性能的影响很大。不同于云平台下广泛采用的传统运行时,边缘平台在资源、调度、并发吞吐等方面具有更为严苛的要求。

③虚拟网络函数:网络函数(网络功能)通常指路由、防火墙等用于网络基础设施的功能。随着传统专有网络设备越来越多样化,相关运营商对它的升级也愈发变得困难。因此,新兴的基于软件虚拟化技术的虚拟网络函数(VNF)技术应运而生。该技术由于剥离了网络函数对封闭且昂贵的专用硬件的依赖,因此在弹性、服务保证、测试诊断、安全监控等方面更加灵活,能够支持新型网络环境下的功能创新及性能优化,在复杂且多变的边缘网络环境下具有较大潜力。

(3)需要考虑的问题

①资源成本:商业化进程必然需要对成本进行着重考虑。不同于云平台依赖更加可控的规模化数据中心,边缘平台在性能级别、规模、服务范围等方面还未出现十分成熟的参照案例,因此不同的平台服务商对于硬件、软件资源的搭建成本需要严格把控。一方面,成本的投入需要基于厂商对发展情况以及未来期望的共同考究进行度量;另一方面,投入的规模在一定程度上决定了边缘平台的实际性能,直接影响着未来用户的选择。

②资源整合:在基础设施搭建完成后,如何对底层资源进行有效利用并加以整合,是对厂商技术实力储备的一大考验。目前,基于云平台技术模式的经验,通常通过相应的驱动接口,对硬件设备进行抽象,利用虚拟化技术,将物理设备转换为编程友好的逻辑设备,以供数据处理系统的调用。同时,为了实现集群式规模化的整合,还需要在虚拟化技术之上,通过软件定义技术、超融合架构技术等,实现支持分布式的资源接口,例如分布式文件系统、分布式内存池等,支撑弹性扩容、动态配置等高阶需求。

③资源调度:有限资源与程序需求的对立素来是数据处理系统面临的挑战之一,在边缘平台下更是如此。对于单一的边缘计算节点,通常需要服务于一定范围内的各种用户,因此面临着包括但不限于传统云平台所遇到的问题。

资源受限条件下的并发性能:通常,一个计算节点在效益收入以及能效等多方面的考虑下,不会仅服务于单一的用户请求,因此在计算、存储、网络等资源相较而言不够充分的情况下,如何对它进行高效调度,尽可能以更高性能为用户提供计算服务,是资源调度首要考虑的问题。其中,不同的用户可能对于系统延迟、吞吐量等性能因素的要求不同,不同用户请求本身的优先级别也可能存在差异。

用户资源需求规模:不同应用任务对于资源的需求自然不尽相同,因而可能存在两种近乎对立的问题,即资源碎片化导致的浪费以及资源需求过高导致的无法满足。基于资源的整合,如何高效地进行调配同样是云边平台的优化重点。

2.前沿研究

(1)资源管理与任务管理的结合

研究人员对于传统云平台以及扁平式边缘平台对高峰负载的性能问题,设计了树形层级式边缘云结构:在低层平台节点无法满足时,使用高层节点资源进行服务,同时支持将高峰负荷进行聚合,进行跨多层节点的协同计算:

①对于单节点任务调度问题,将它转化为混合非线性整数规划问题进行解决;

②提出放置算法决定任务卸载到哪个层的节点，以充分利用提出的树形层级式架构；

③决策算法决定为每个任务提供多少计算能力，以提升系统整体运行效率。

研究人员特别针对基于延迟敏感度设置执行权重的应用调度问题，提出基于边缘云的在线作业分发与调度算法 OnDisc。该算法不需要假设任务延迟分布符合特定模式，同时不需要假定不同机器对任务执行时间的统一，更加符合真实场景。针对混合应用卸载调度这一整数规划问题的复杂性，利用基于逻辑的 Benders 分解方法，设计了新的 DTOS-LBBD 算法，将问题分解为一个主问题（负责卸载和资源分配）和多个子问题，每个子问题解决一个应用的调度问题；同时，子问题将迭代地对主问题的搜索空间进行剪枝，最终两个问题都将收敛到最优，提升问题求解效率。

通常，任务管理与资源管理过程中的任务执行时间并不能直接获知。研究人员特别针对这一问题，提出了一个学习驱动的算法，在信息不对称的边缘环境下，使用低秩矩阵高准确率地预测任务执行时间。具体而言，由于任务执行时间受虚拟机配置变化、任务复杂度、资源性能等多方面共同因素的影响，因此直接理论推断难以达到较高的准确率。因此，该研究使用小规模样本进行实际测试，并对任务执行时间与边缘服务器配置的潜在相关性进行分析，来解决任务执行时间无法获知的困境。同时，设计了 MEFO 算法，将任务卸载问题转化为限制性优化问题，实现了接近于最优解的任务调度效率。

(2)网络调度与任务管理的结合

网络资源同样作为云边平台的关键性资源，研究人员认识到大量任务同时卸载时，会对无线网络资源造成巨大压力，因此计算资源的分配也需要同时考虑无线资源调度的问题。该研究将边缘平台与设备的交互问题转化为多领导（设备）、共同属下（边缘节点）的 Stackelberg 博弈问题，同时考虑设备偏好、任务的异构性、与节点资源分配策略的交互，证明了 Stackelberg 均衡的存在性，并提出一个高效的去中心化算法，对博弈的混乱代价（Price of Anarchy，PoA）进行限界，计算最终均衡，实现资源调度与任务卸载策略的生成。但无线网络信道条件并非一成不变，而是持续变化的。不同的信道条件对任务卸载实时决策必然产生较大的影响。DROO框架特别针对不断变化的网络状况，基于深度神经网络，实现了深度强化学习支撑的可扩展的任务卸载决策方案，使得模型能够从历史经验中学习卸载决策。不同于已有工作（深度学习模型同时优化系统所有参数）的方法，DROO将问题分解为卸载决策和资源分配两个子问题，并分别进行优化，避免了维度诅咒；同时，DROO提出了一个保留顺序的动作生成方法，每次仅在少数候选动作中进行选择，能够在高维空间中保持高效；此外，DROO还提出了一个自适应的调优方法，能够自动调整本身的参数，逐渐降低资源分配问题的数量，以保证决策过程在单个时间帧内有效完成。该框架提出的方法优势在于执行效率快，但同其他一些工作一样，并未考虑实际生产场景中，多方用户自身需求冲突以及竞争问题。则针对用户任务对网络需求的不确定性、不同用户任务对延迟的需求不同，以及一些用户可能仅考虑符合自身利益的调度方案这三方面问题，考虑了是否卸载、无线网络情况、移动用户之间非合作性的博弈交互三方面因素，提出了相应的方案，包括：

①一个任务卸载算法，使用凸优化方法，最大化网络性能；

②一个传输调度方法，针对用户对于延迟的需求，建立一个动态优先级队列模型来分析性地描述数据包级别的网络动态情况；

③一个定价规则，使得不同用户之间非合作性的决策过程能够实现（网络范围内）全局最优卸载调度和网络传输调度的博弈均衡。

(3)资源管理优化

针对资源调度问题的进一步优化，强化学习方法也提供了新的思路。有研究将资源分配问题转化为序列化（马尔科夫决策过程）决策问题，并在马尔科夫决策过程中，设计了新的决策机制，将决策周期与实际的时间发展进行解耦，使得调度和调整资源的决策可以分为两个子搜索空间，降低搜索空间难度。同时，该研究提出了一个改善的深度Q网络算法来学习策略，使用多个重放记忆来分别以更小的相互影响存储历史经验，改善训练过程；此外，还对Q网络架构进行改进，在网络末尾添加一个过滤器层，以过滤掉不合法的动作，进一步加快网络计算速度。

此外，专门针对虚拟化网络函数这一资源，有研究人员针对网络函数虚拟化（Network Function Virtualization，NFV）服务中的资源分配问题、数据流在服务功能链中的流动问题、虚拟网络函数实例的管理问题等进行分析，提出了多个有效算法。

①将单个 NFV 多播请求的开销最小化问题转化为基于辅助有向无环图的多播树生成问题，以较低的复杂度进行求解。

②通过启发式思想对多个请求基于开销进行准入决策。

③建立资源开销模型，对多播请求进行资源分配，并在线调整请求准入策略，以实现预期吞吐最大化。但该研究未考虑到应用任务对端到端延迟方面的需求，研究人员针对该问题，提出了新的多播请求决策方法，同时控制延迟、吞吐、准入开销等多个方面，以达到更高的决策性能。参考文献认识到虚拟网络函数的稳定性是整个网络功能系统可靠的关键，同时考虑了软件以及硬件（边缘节点）的可靠性问题，采用在线（on-site）以及离线（off-site）两种模式的冗余备份机制来实现虚拟网络函数的稳定性保障。

8.2.4　应用管理

1.介绍

（1）应用部署

对于开发者而言，通常在进行设计、编码、测试等开发流程后，将应用进行打包，发布至特定平台，运行在虚拟机、容器等环境下，为用户提供服务，这就是传统的应用部署模式——开发者需要进行服务器管理，以实现应用构建和运行，这使得包括用户请求调度、用户分派等涉及多个边缘服务器节点的复杂过程需要开发者来完成。

而对于无服务器（serverless）架构模式而言，开发者无须管理底层服务器事宜，通过直接采用云平台厂商提供的相关服务（例如阿里云函数计算、亚马逊 Lambda），便能够专注于应用逻辑的开发，大大简化了维护应用运行所带来的一系列操作。目前，边缘平台面临着分布广泛、异构性强等难以克服的挑战，因此将计算节点的管理及维护任务交由上游平台服务商来实现，将会为云边协同平台下的应用程序落地提供有利条件。

(2)服务发现

对于中心化的云计算模型而言,终端设备能够更加“任意”地从具备网络连接的地方发起请求,利用运行于云平台上的应用服务进行数据处理。而对于分布广泛的边缘计算模型而言,终端设备所需的服务难以部署在每一个节点中,主要原因在于“成本”限制。因此,对于终端设备而言,如何获知自身所需的服务存在于哪个边缘节点,换而言之,如何进行“服务发现”,将是边缘平台与云平台之间的一个显著差别。研究人员发现,传统的基于DNS的服务发现机制由于变化较慢,更加适用于静态场景,而远无法满足大范围、高动态性的边缘场景,例如车联网场景下智能行驶设备的动态注册、撤销。而轻量的“服务注册表”在某种程度上更具备可实施性,它的服务松散耦合的理念能够使它更加灵活。

(3)应用迁移

应用服务的用户不会局限于具备相应程序的边缘节点的服务范围内。例如,智能驾驶技术中,应用服务的对象主要为具备智能芯片的车辆,而车辆本身具有高移动性,使得它可能无法长时间连接至同一个边缘节点以获取稳定服务,而需要在行驶的路程中不断地切换节点。另一方面,由于状态(数据)的动态性不同于程序本身的静态性,因此面对不同对象所产生的数据无法预先部署在不同的边缘节点上。应用本身与状态数据的双重特性使得它需要跟随服务对象的移动,而在不同的边缘节点之间进行迁移。

但应用的迁移将会导致大量突发流量,传统的WAN通信技术并不适合,如何设计并实现更加高效的应用迁移,尤其是具备状态保持能力的服务迁移,是边缘平台在高动态场景下面临的关键问题。

(4)服务缓存

由于应用迁移的必要性,因此如何优化应用迁移效率、提升迁移性能、降低迁移开销,便成为一个亟待解决的问题。

缓存技术作为计算机系统中的一项关键技术,保障着从底层硬件(例如磁盘访问性能优化)到上层应用的一系列关键技术的性能释放。同样,缓存技术同样能够应用于基于边缘平台的应用服务迁移过程,利用服务缓存,能够避免在短时间内对相同应用或数据的反复传输,大大减少了网络带宽消耗，降低了应用迁移时间。

2.前沿研究

(1)应用服务缓存与任务管理的结合

OREO 算法针对服务缓存问题，基于 Lyapunov 优化方法，实现了高效的、在线的服务缓存与任务卸载协同决策过程，并证明了该算法接近于完全先验知识的最优策略。OREO 算法同时优化服务缓存(包括关联数据库、函数库)与任务卸载策略，解决服务异构性、未知系统动态、空间需求耦合、去中心化协调、优化系统的长期性能耗。此外，OREO 算法还采用了 Gibbs 采样方法，实现了去中心化的决策，支持大规模扩展，并会对(随时间和空间不断变化的)应用服务流行度进行预测，在线更新有限资源下的服务缓存策略。而 CP 算法在结合服务缓存的基础上，进一步考虑具有依赖性的任务卸载过程。也就是，一方面，基于凸规划方法，实现了：

①将任务卸载问题松弛化，转为凸优化问题；

②利用渐进舍入方法得到该问题的可行解；

③计算每个任务的权重；

④根据权重进行任务卸载。

另一方面，提出基于最优后继者方法的 FS 算法，解决了同构的移动边缘计算(MEC)环境下的决策案例，并达到了 O(1)的近似竞争系数。

(2)应用迁移优化

针对应用迁移问题，基于主流的虚拟机(例如具有状态保存功能的 LinuxKVM)与容器(例如具有检查点功能的 LXC)，利用它提供的操作系统和内存状态保存功能，提出应用迁移框架，支持虚拟机和容器中带有状态的应用进行迁移。该框架使用基于分层的迁移，将容器或虚拟机的构建包分类如下：

①基础层：经常被复用的底层部分直接放在每个节点上，无须迁移。

②应用层：静态应用程序和数据。

③实例层：运行时状态。

在进行应用迁移时，执行以下步骤：

①原节点服务正常运行，传输应用层；

②服务暂停，传输实例层；

③将三层结合，重建服务。

此外，该框架还使用了 rsync 增量文件同步技术，以提升文件传输效率。

8.3 云边协同典型场景

大数据处理应用的不断发展能够推动云边协同基础平台的创新研究，同时，云边协同环境能够持续激发数据处理的巨大潜能。为此，本节将从物联网大数据等方面，分别介绍大数据处理与云边平台的协同发展。

8.3.1 物联网大数据

我们的生活逐渐依赖于各种智能化设备。早上醒来，抬起智能手环或智能手表，查看整晚的睡眠情况，然后缓缓起身，对着智能音箱说句“早上好”，联动的窗帘匀速滑开、台灯微微亮起、厨房的水壶已在加热、客厅的电视机播放起了最爱的轻音乐等。如此，生活的处处都好像能够感知人们的存在，通过不同于以往的方式与人们交互，和人们共同成长。这样的清晨已不是电影中导演对未来家居的想象，而即将成为人人触手可及的现实，这一切都离不开物联网技术的发展。

1.介绍

2009 年，“感知中国”理念被提出，随后，物联网被正式列为国家五大新兴战略性产业之一，受到了全社会极大的关注。物联网的概念源自 1999 年，指的是通过射频识别技术将物品与互联网连接起来，实现智能化识别和管理。而发展到如今，随着嵌入式系统、传感器网络等一系列基础技术愈发成熟，物联网已经不再局限于包括射频识别在内的某种通信技术，也不再仅围绕设备的识别与管理而开展，它的定义正在被不断重写，包含了医疗健康、家居生活、生产制造等诸多方面，覆盖了衣食住行等诸多领域。有研究机构预测，到 2025 年，物联网中将会有超过 1500 亿个设备连接，而在未来可能达到上万亿个。

随着物联网设备量的急剧增长，数据产生量也将膨胀。因此，传统大数据领域的处理模式也将融汇于物联网新架构，形成物联网与大数据相结合的新生态，共同激发新的活力。

2.特征

对物联网大数据应用而言，较为突出的两个特性便是“数据驱动”与“延迟敏感”。

(1)数据驱动

数据的价值在于从中挖掘出有用的信息，因此物联网应用能否充分发挥内在功能，极大程度取决于对数据的处理能力。从局部的角度而言，物联网设备无时无刻不在产生大量的数据，这些数据不仅包括传统的数值、文本，还包含异构的音频、视频等。例如，智能监控7天×24h地以视频的形式记录一定区域内发生的事情，这一过程将持续不断地产生视频数据，并对如此庞大的数据进行复杂的预处理、物体检测及分析、信息统计等操作，这对物联网架构中数据处理系统的规模承载能力提出了严峻挑战。从全局的角度而言，物联网应用中的数据处理任务通常不局限于单一的智能设备，而是统筹多维度、多层次、多功能的不同设备，协同进行数据分析。这一过程涉及对多个异构数据源的持续处理，同时数据规模的增长也变得更加迅速。

因此，物联网大数据的首要特点便是数据规模大，以至于传统的数据处理方案面临着难以应对的挑战。

(2)延迟敏感

当人们对着智能设备内置的语音助手询问当日的天气时，从语音输入、语音识别、语义推断、连网检索、结果整合，到最终的语音化结果输出，这一过程持续1 s还是5 s，通常对用户而言仅仅是体验上的感知。但对于更为广泛的新型物联网应用而言，数据处理的延迟将极大地决定应用功能本身的存在必要性。例如，在智能家居应用中，火警检测设备被放置于家中，实时地进行传感器读数，获取屋内的烟雾浓度、天然气成分等指标，并对原始数据进行预处理，根据预设的标准阈值对参数进行判断，以在异常发生的第一时间发出警报，或直接采取抢救性措施。这一过程不同于以往的应用任务，而需要严格地控制整个数据处理过程的时间开销，包括数据读取、网络通信、智能决策等方面。这类应用作为物联网中极具潜力的一类，将会给未来的社会生活带来巨大的改变。

此外，物联网大数据还具有以下特征。

①隐私敏感：因为物联网设备的自身特性，它广泛存在于人们生活的各处，甚至直接接触人们的身体，它的数据可能包含例如生理指标、出行轨迹等隐私信息。而对于这类信息的加密意味着数据处理过程需要付出额外的开销，以支持安全的数据通信、计算以及存储，因此，权衡安全性与处理性能是物联网数据不同于传统普通数据的一点。

②位置感知：物联网设备通常放置于接近数据源的物理位置，因此具有位置感知的天然特性。这使得传感器等设备在获取数据时，能够同时获知数据的产生位置，使得原有完全针对数据本身的处理模式能够扩展为带有位置信息的新型数据挖掘模式，为未来的应用能力带来创新空间。

③异构性：不限于计算节点的异构性，物联网大数据系统的异构性还表现为终端“设备”的异构。一方面，终端设备的通信方式包括无线网络（Wi-Fi、蜂窝网络等）、有线网络（以太网等）、近距离通信（NFC、RFID、蓝牙等），在网络传输过程中需要处理异构带来的协议、比特率等多方面的问题。另一方面，设备本身从物理体积、连接方式到放置位置、资源架构等，都可能遵循不同的标准，这极大地丰富了终端设备的多样性，也同时带来了物联网生态的碎片化，为软件以及硬件的开发带来了较高的难度。例如，基于安卓操作系统开发的移动应用可以运行在不同的智能手机上，但智能电热水壶的程序却难以移植到智能电视机中。

3.云边协同下的机遇与挑战

不论是数据还是延迟，这些特性都使得传统基于互联网与云平台的计算服务模式不再完全适用。对于物联网大数据新生态，需要探索从终端场景到边缘平台与云平台相互协同的数据处理模式。

有研究预测称，到2025年，物联网生态中70%的数据将在网络边缘端处理。雾计算、边缘计算将对物联网大数据的发展产生极高的重要性。一方面，数据驱动的物联网持续产生的海量数据需要高效处理。在传统云计算架构下，体积庞大的数据直接涌入WAN，并流向远距离的数据中心，对物联网用户以及开发者造成了极大的网络访问开销，也对互联网基础设施造成了前所未有的压力。另一方面，延迟敏感的物联网应用在数据传输过程中面临着不可接受的时间开销。通常，终端设备通过网络接入点将数据输入互联网，数据包经过不断地路由转发以及光缆传输，才能够最终到达数据中心。其中，转发的等待队列延迟、信号强度、光缆传输速率等条件均具有较大的不确定性，导致持续时间波动，甚至无法完成传输。

边缘计算平台作为新型物联网大数据应用的驱动力，能够将计算、存储等能力带到网络边缘端，在接近数据产生源的地理位置直接执行数据处理任务，这从本质上给数据与性能这两方面带来了新的机遇与希望。但同时，新的架构意味着新的问题，云边协同与物联网大数据的融合面临着以下挑战。

(1)设备发现与服务发现

①设备发现：对于云边架构中的边缘节点，它所覆盖的网络范围中，存在哪些需要服务的终端设备并没有固定且完整的元数据列表。一方面，由于不同厂商所遵循的标准不同，设备的异构性导致边缘节点提供的服务可能不具备完全的兼容性；另一方面，不同的用户在不同的阶段可能选择不同的边缘服务提供者，这使得边缘节点难以发现所有的终端设备，同时难以确定自身服务的用户范围。

②服务发现：边缘平台为物联网终端设备提供计算、存储、网络等服务，但对于设备而言，如何定位合适的计算节点、寻找能够提供服务的应用(通常以虚拟机、容器等形式运行在边缘节点的物理机中)，是一项具有挑战性的任务。一方面，每一项任务的不同部分可能交由不同的载体来实际运行，如何快速匹配到能够提供最佳性能以及最优成本方案的卸载目标需要平台和设备协同决定。当边缘平台能够准确获知用户的请求时，包括数据规模、数据形式、响应速度需求、结果准确度要求等方面，同时，设备能够信任相应的边缘节点，了解各节点的负载情况、处理能力、安全性保证等方面，才能够使得多层次架构的数据处理模式达到最高性能。但实际环境往往复杂，甚至平台与设备双方均无法获得先验信息。另一方面，同一任务可能同时存在多个节点能够执行，因此，如何全面考虑通信开销、处理成本、处理性能、负载均衡等多方面的水平，做出最优决策，也是亟待解决的问题之一。研究发现，这些复杂的问题很难

在较短时间或使用低复杂度的方法求出准确的最优结果，因此需要灵活变通，例如，通过问题转化等方式以快速获得次优方案的想法值得考虑。

(2)边缘资源与设备资源

正如前面所讲，边缘平台的自身特性使得它无法拥有接近于“无限”且可快速扩容的计算能力，因此，面对小范围内可能存在的大量终端设备接入，单一的网络节点资源可能无法充分应对潜在的数据规模，导致数据处理性能下降，甚至衰退到不及传统云模式的处境。由传统单一的云平台逐渐转向层次化的云边协同平台，一个重要因素便是数据中心无法承担全局海量的物联网设备连接。将云边协同网络粗略地看作以云平台为中心、以边缘平台为外围的圆形，边缘设备的网络连接端点也从原有的一个圆心转而迁移到了更为广阔的圆周外围，但这些数以万计，甚至数以亿计的设备连接并未凭空消失，因此，边缘平台分担了云平台的极大压力，但同时自身也承受着巨大压力。

同时，物联网设备的资源条件则更不容乐观。正如前面所提，虽然目前智能设备技术不断发展，但受体积、成本等多方面因素的共同影响，终端设备通常在数据处理能耗方面的要求极为严格，不具备直接运行复杂任务的条件。因此，受包括硬件资源、软件平台在内的多方面条件限制，边缘节点和终端设备如何在保证低能耗的前提下，充分地“沟通”、协同调度任务执行步骤、保证数据处理服务的稳定、提供良好的用户体验，是不容忽视的一个挑战。

(3)连接动态性

云计算模式使得网络全局的设备通过互联网直接连接至数据中心，而边缘计算模式使得这一点变得尤为复杂。因为边缘平台处于靠近用户的边缘端，相较云平台，能够提供的服务有效距离大大缩短，因此，在某一时刻，能够连接到同一边缘节点的物联网终端设备必然处在节点所覆盖的一定区域内。这一特性虽然为用户大大缩短了数据处理的响应距离，但同时使得具有较高移动性的设备(例如智能车辆、无人机、轨道交通等)需要不断切换提供服务的节点。另一方面，不同于能够连续运转的高稳定性服务器，终端设备通常更加灵活多变，存在正常性的启停、状态的改变，以及异常性的宕机、网络连接中断等状况，导致它与边缘平台的连接具有较大的不确定性，继而造成频繁接入与断开、注册冲突、状态更新不及时等影响。这使得设备通过边缘平台服务完成数据处理任务卸载过程的稳定性大大降低，服务质量受到质疑。

4.前沿研究

物联网大数据应用的实践落地，离不开数据共享、任务调度、特定应用处理优化等多方面的共同努力。

(1)任务调度

边缘节点与终端设备同时面临着资源短缺等限制条件，因此任务调度无法照搬高性能云平台上的原有模式。面向物联网生态中常见的嵌入式、异构、多处理单元环境，针对实时并行数据处理任务的调度问题，引入截止期限松弛算法，提出了不同于传统的动态电压及频率调节(Dynamic Voltage and Frequency Scaling，DVFS)的调度方法 NDES，以及基于全局 DVFS 的高能效调度方法 GDES。具体而言，一方面，该研究利用 HEFT 方法进行任务优先级分配，评估任务完成时间，利用 NDES 在保证达到预设截止期限的条件下降低系统功耗；另一方面，该系统能够对全局情况进行分析，将任务实时地迁移至空闲处理单元。同时，基于不同方法的策略能够相互协同，作用于任务的不同执行阶段，进一步降低系统能耗。

(2)数据共享

物联网作为数据驱动的典型领域，数据对于它的价值不言而喻。Firework 框架针对云边协同环境下数据共享难的问题，例如数据实时同步性差、多数据源编排难、数据源异构性高等，实现了虚拟数据共享视图的抽象，包含多数据源以及预定义数据方法，提供便捷的全局数据访问，同时支持预设隐私保护条件。

为了进一步探索云边协同平台下数据的安全性问题，即如何为隐私敏感型应用的数据提供保障，Trident 技术能够在数据被终端设备发送至边缘节点之前，对它进行轻量级的安全性加密，同时对整体延迟影响很小。

此外，区块链(blockchain)技术作为安全技术研究的热点，同样能够应用于云边协同背景下的物联网大数据处理。针对边缘数据由于信任缺失导致的难以共享的问题，将数据流动看作区块链中的交易(transaction)，实现了一个绿色区块链框架，分为应用层、API层、区块链层以及存储层，并实现了对计算、存储以及网络三方面的关键资源开销优化。具体而言：

①基于协同证明(Proof of Collaboration，PoC)共识机制，边缘设备通过协同信用等级来竞争新的区块，降低计算资源开销；

②基于无效交易过滤(Futile Transactions Filter，FTF)算法，设计了新的交易卸载模块，降低存储资源开销；

③实现了快速交易(Express Transactions，E-TX)和空心区块(hollow block)，前者提供异步交易验证，后者提供区块传播过程中的冗余消除，这些大大降低了网络通信开销。

此外，针对目前IoT对中心化网关的依赖，以及区块链对资源的需求较高等问题，选用以太坊框架建立了新的区块链数据系统。它采用了权威证明(Proof of Authority，PoA)共识机制，支持基于属性加密方案(Attribute-Based Encryption，ABE)的集成，以及通过智能合约添加其他加密算法。同时，作者在去中心化的区块链系统外，建立了一个中心化的时间服务器，以加密的方式同步全局的系统和网络时间，弥补大量微型物联网设备在内置时钟方面的缺乏。多方面技术结合，使得系统整体能够大大降低区块链安全技术带来的功耗。

(3)事件分析

物联网大数据流入系统后，系统将进行数据预处理、数据挖掘、统计分析等，充分挖掘数据价值，发挥智能决策等效用。

①复杂事件处理(Complex Event Processing，CEP)。CEP通常是对多个数据流进行信息提取，基于预设的规则或模式，对事件进行分析及匹配，进行检测异常等。对于物联网场景中语义化的复杂事件处理，CEP Service框架提出了关注点(interest goal)概念，该概念不仅涵盖IoT资源，同时包含对于相应事件的带有知识语义的逻辑序列。一方面，该框架基于静态分治(divide and conquer)策略，以资源有效范围为界限，提出范围搜寻算法以及资源选择算法，高效地实现了分布式的、范围化的事件处理服务供给；另一方面，基于组合定理，该框架能够验证两个资源分

区上关注点的匹配度，基于动态分治策略，提出并发事件推导算法、懒加载算法，减少了通信开销。同时，对于持续变化的状态值，该框架通过近似取值的方式降低了计算复杂度，并基于可满足性取模理论(Satisfiability Modulo Theories，SMT)对其进行误差评估。相比云平台模式，基于边缘平台(雾平台)的新架构使其具有更好的性能。

②空间数据处理：空间大数据通常指的是由物联网传感设备获取的，具有(空间维度)位置信息的大规模数据，包括人群移动数据、资源流动情况等。由于包含地理位置因素，空间大数据对分析人群迁移、灾情、物资调度等场景十分重要。研究人员提出了一个基于雾计算的两层数据处理架构，包括本地分析层以及全局分析层，基于数据分辨率和系统整体延迟，将数据分析问题建模为针对数据分辨率效率的优化问题，在最大化数据分辨率的同时降低网络传输开销。同时，实现了分布式的空间聚类算法以及空间数据聚合函数，采用真实的灾害数据进行实验，取得了较优的性能表现。

③智慧城市数据分析：物联网设备作为捕捉密集性、动态性的城市数据的主要载体，通常受到计算资源的极大限制，设计了多层数据卸载协议以及相应的轻量协同数据卸载算法。具体而言，研究人员通过量化卸载过程性能指标，构建了一个随机化模型以分析数据丢失率等特征，以对不同数据采用不同的任务卸载策略，显著降低了高动态性数据的异常丢失比例。

(4)智能应用

在物联网场景中，当数据通过传感器、监控摄像头等设备输入系统后，如何进行下一步的处理以发挥最大价值呢？人工智能技术的出现，为数据处理、数据分析以及智能决策带来了巨大希望。因此，包括深度神经网络(Deep Neural Network，DNN)在内的智能技术如何借助云边协同平台激发物联网大数据的潜能，正是诸多研究人员所关心的问题。Neurosurgeon 框架针对 DNN 在云端和边缘端协同运行的问题，基于回归方法，对 DNN 模型中类型不同、参数不同的每一层进行建模，评估不同层的性能，并以层为粒度，结合移动端网络状况、数据中心负载情况对模型进行最优划分，在边缘移动设备和数据中心两者上进行计算编排

(调度)。DeepThings 框架则未以层为粒度,而是先对卷积层基于可伸缩融合块分区(Fused Tile Partitioning,FTP)进行融合,并以网格的形式进行垂直划分,生成多个独立可分布执行的子模块。该框架实现了一个分布式的支持工作窃取(Work Stealing)的运行时环境,实现了 IoT 集群对 FTP 划分块的动态负载分配和负载均衡。此外,该框架还实现了一个新的工作调度进行,改善了相邻子块重叠数据的重用过程。整体上,DeepThings 能够大大降低内存占用以及节点间的通信开销,改善了动态 IoT 环境下 DNN 模型分布式并行运算的性能。

8.3.2 视频大数据

1.介绍

人们所观察的世界无时无刻不在改变,造就了"视频"相比于文本等类型的数据更具表现力,包含更加丰富的信息。如今,能够产生视频的数据源及应用场景愈发多样,视频数据的规模不断增长,视频大数据成为支撑诸多行业技术发展的热点方向。

(1)交通摄录

城市化的快速发展导致机动车数量持续激增,也因此造成了诸多的交通问题。一方面,由于时间、天气、大型事件等多方面的因素,城市道路上的交通流量持续变化,尤其是繁华地带的路口,经常汇聚着较多的待通行车辆。如何第一时间获取交通流量信息、监测城市交通状况,正是交通摄录系统所需解决的问题。通过摄录视频流的实时收集,城市交通控制中枢能够及时地获知流量异常情况,做出交通调度调整,以改善行车效率。另一方面,人为驾驶的主观性导致违规事件的发生难以完全避免,而对检测的疏漏或延迟将不仅可能导致驾驶行为责任人自身规则意识的下降,升高未来的事故发生率,更有可能造成交通瘫痪,甚至重大的人身财产损失。因此,广泛分布且实时视频采集的交通摄录系统具有极高的存在必要性,不断规范及约束车辆驾驶者的行为,同时对违规事件及交通事故在第一时间进行采集、上报,进行后续的处理。目前,在部分城市的交通系统中,已经尝试采用更加智能化的交通摄录体系,例如对疲劳驾驶、违规通话等驾驶行为实时检测、智能判断,而无须人为干预。

密布于城市各个角落的摄像头组成的庞大的摄像系统基础设施带来的交通价值不言而喻，但对交通数据处理系统提出了严峻的挑战。一方面，该系统需要具备低延迟的处理性能，保证异常事件发生时能够及时地进行分析、处理以及后续操作。另一方面，基础设施中数量巨大的输入源是传统单一视频处理系统所难以应对的。由于该系统不仅需要采集、存储视频，而且在迈向智能化发展的路上，需要对它进行预处理、帧解析、事件模式匹配、异常检测上报等操作，因此对于极多输入源的同时处理，是当前所面临的一大难题。

(2)车载摄录

对于传统机动车而言，行车记录仪的出现为广大驾驶者带来了多方面的保护。一方面，共享出行的专车内、公共交通的车厢内，车内记录仪能够持续记录乘客及驾驶者的行为，检测车内状况。在发生异常事件时，记录仪能够提供准确的现场追溯，不仅为责任认定提供了有效的证据支撑，更为严重性事件的溯源剖析提供了第一手资料。另一方面，用于私家车的前向记录仪则更为普遍。在车辆启动后，行车记录仪随之启动，以视频的形式持续地、完整地记录着行驶的整个过程，有效弥补了交通摄录系统不及之处，为驾驶者提供了多层面的安全保证。

对于新兴的智能车辆而言，包含360°环绕摄像在内的环境感知系统所发挥的作用更是举足轻重。摄像头之于汽车，就像眼之于人，提供了感知周遭环境的输入口。基于实时的环境图像，自动驾驶控制系统能够对采集到的视频进行处理、分析，并即时进行决策，控制车辆行为，在一定程度上，甚至完全地替代人为控制，极大地提升出行效率。

虽然车载摄录为传统及新兴机动车带来了强大的功能，但车辆本身的移动性为视频的数据处理提出了新的问题：一方面，高移动性导致视频内容的变化极快，不同于固定物理位置的城市摄像头，车载摄录可能在极短时间内采集到完全不同的影像，这不仅包括物体本身的变化，还包含了移动导致的光线、角度等上下文环境的急剧变化，对于视频内容分析的准确性和灵活性要求更高；另一方面，高移动性直接导致了网络通信连接的不稳定性，不同于有线光缆传输，无线网络传输的质量依赖于网络信号强度、带宽、信道实时负载等因素，造成基于无线网络的数据及任务的稳定上传过程变得愈发艰难。

(3)航空摄录

由于更高的摄入角度,基于航空器材的摄录系统通常具有更高的专业性和特殊性,同时带来了更加强大的功能性。

①空地追踪:得益于不被道路交通所限,飞行器能够灵活、高效地追踪移动性目标,弥补地面追踪不便的缺陷,降低目标失踪率,为关键性任务提供支撑。

②智慧农耕:传统农耕作业需要人工地亲力亲为,经历长周期的运作,包括观察并分析农田情况,调整作业策略,根据种植方案进行播种,以及后期灌溉、除虫等维护。由于务农者本身能力所限,这一系列的过程将十分耗费时间资源,效率较为低下,且无法准确地按照预期规范化操作细节,造成减产等损失。相比于人力运作,基于航空器的作业方式能够带来极大的改善。通过航空摄录系统,能够直接以直观的视频形式采集农田情况,并基于农田数据处理系统进行视频分析,获取种植所需的多元化参数。随后,航空器能够携带种子、农药等基础资源,从空中直接进行均匀播撒,在短时间内覆盖大范围作业区域,实现人工难以达到的效率。

③遥感:基于航空设备的自身优势,它能够在空中无接触地、远距离地探测、勘察各种复杂地形地貌,包括人们难以进入的野生地带、冰川、火山等。而视频的形式为人们提供了对于未知环境最为直观的感受,同时有利于数据处理系统进一步地科学分析、探索。

如今,由于基础设施以及无人控制技术的不断发展,航空摄录已经逐渐转向基于无人机的系统实现。无人机具有更低的制造成本、更小的体积、移动更加灵活等诸多优势,因此对于传统飞行器难以实现的场景,无人机具有更大的潜能。同时,由于控制者本身从“机内”移动到了“机外”,相隔数百米甚至数百千米,因此,一方面,如何高性能地实现从无人机采集的实时视频到控制者的实时决策,需要解决视频采集技术、预处理技术、网络传输技术等诸多视频大数据系统所面临的问题;另一方面,由于无人机具备更加多元化的环境感知能力,例如无死角覆盖的实时摄录系统,因此无人机自主行为控制也是实现智能化发展的一个方向。但是，因此带来更高的视频处理性能需求，是传统设备端运算或者云端两层架构所无法实现的，需要云边协同高效架构的加入。

（4）智能设备

包括智能手机、平板计算机在内的智能设备，逐渐成为日常生产生活中与人们打交道最为频繁的物品。一方面，智能设备本身所具备的拍照及录像能力，为人们的生活带来了更加丰富的记录方式。通过智能设备所拍下的照片、短视频、影片，能够方便地分享正在进行的游戏、欣赏的风景、有趣的宠物、令人深思的事件等。另一方面，它能使得人们的生产、工作更加高效，尤其是在人们出行受限的特殊时期，众多的团队、企业开始使用基于视频会议的高效办公方式，继续原有的运作。

相比于其他的摄录系统，智能设备带来的摄录能力以及产生的视频大数据更加无处不在，更加贴近人们本身，同时也包含着更大的价值挖掘潜能。

（5）其他

视频大数据几乎无处不在，远不止上述提及的应用场景，举例如下。

①安防监控：不同于交通摄录系统，安防监控带来的视频记录能力更多地用于环境采集，以实现生产生活日常运作的安全保障。在安防系统中，数据处理的低延迟、高吞吐特性尤为重要。根据用户预设的智能检测模型，摄像系统在采集到视频数据后，应在极短的时间内完成数据处理，并实现智能决策。

②工业摄录：通过视频监控等方式，实时监测车间生产情况，基于视频大数据的分析，能够及时发现异常、调整设备等。

视频数据在各行各业的应用场景十分广泛，同时也带来极高的潜在分析价值，但由于它文件体积本身庞大，因此对数据处理系统的能力提出了更大的挑战。

2.问题与挑战

（1）问题

视频数据是非结构化数据，价值密度很低，且具有连续性、实时性等特点，视频大数据系统对数据相比传统具有更高的性能要求，这主要体现在以下几方面。

①计算密集:对于视频流而言,一般需要进行信号处理、编码、解码等基础过程,转换为计算机内相应的存储格式,再对每一帧内容进行深入处理。

一方面,对于每一帧内容而言,可以将它看作类似于静态照片的图像,可通过一系列相关技术进行以下操作。

特征检测及提取:传统的 Canny 边缘检测算法、Harris 角点检测算法、SURF 算法以及 SIFT 特征、GIST 特征等,基于深度学习的神经网络模型等,能够对图像中的边缘、转角等特征进行识别,支撑后续更加复杂的处理。

目标检测:针对特定的或者泛化的目标,例如物品、人体、面部等,通过特定算法进行检测,获知其存在性或位置。

目标分类:对于图像中出现的目标进行分类等。

不论是基于传统算法的图像处理方法,还是近年来愈发火热的深度学习处理方法,它的性能(例如准确率)通常与运算量直接关联,例如,对于深度网络模型而言,具备更高精度的模型通常具有更为复杂的网络结构、更为庞大的训练参数量,因此需要更高的算力(包括计算能力、存储能力等)进行推断。

另一方面,由于视频是每一帧连续组合而成的流式数据,因此对于视频流的处理将远高于静态图像处理的复杂度。首先,为了捕获环境中更多的细节,以及为后续的算法提供更加精确的原生输入,视频采集系统通常追求更高的分辨率。如今,随着设备的不断升级迭代,4K 甚至 8K 分辨率已经逐渐成为高质量视频的标准,这将大幅增加每一帧图像的体积,对运算系统性能提出更高的要求。其次,为了能够在时间变化的过程中捕获更加顺畅的运动行为,视频采集系统通常会将帧率(即每单位时间内采集的图像帧数量)设置为设备能够接受的尽可能高的水平。因此,在单帧图像体积一定的情况下,更高的帧率意味着单位时间内的视频体积更大,这对数据处理系统会造成更大的压力。

此外,由于不同于静态图像的特点,视频流将具有更高的连续性、动态性,数据处理系统不应仅专注于每一帧内图像的信息,还应该具备分析帧与帧之间的动态变化性信息的能力。在进行目标追踪时,需要对高帧率的连续视频画面执行算法,凭借实时性能检测目标物体,并定位目标位置。例如,在检测行人的过程中,人们的移动通常具有群体性,因此基于对行人运动轨迹的预测进而提升检测准确率,这是一个优化的潜在方向。

因此,计算密集型的视频流处理使得终端设备的计算能力、存储能力难以满足。

②带宽需求高:分辨率、帧率等配置的不断提升,带来的不仅是对于计算系统的压力,同时也带来了对于网络传输系统的挑战。

- 每一帧图像的内容不断丰富,细节更加完整。
- 单位时间内的帧数不断增长,视频动态变化更加流畅。
- 视频源不断增加,针对同一物体的拍摄角度不再限于一个(例如足球比赛中环绕全场的大量摄录机位)。

以上三点同时带来了不同维度的体积增长,进而导致了视频产生源发送至处理系统所在平台的网络带宽开销急剧增加。目前,在体积优化的情况下,智能手机以 1080P 分辨率、60 帧/s 帧率的配置录制 1 min 视频的体积约为 100 MB;以 4K 分辨率、60 帧/s 帧率录制 1min 视频的体积约为 440 MB。由此可见,在多采集源同时进行传输的情况下,网络基础设施将承受极大压力,同时,带宽占用带来的成本也使得用户难以承受。

(2)挑战

针对视频体积带来的带宽成本与通信压力,需要从多个维度进行分析,根据实际场景进行优化。边缘节点对终端设备采集的原生高带宽视频进行预处理,通过局部压缩、裁切、去帧等方法,减小视频体积,并将加工后的视频流上传至云端进一步处理。但这种方法同样面临着一些技术挑战。

①计算任务卸载:普通计算任务通常能够通过划分获得低耦合的子任务,但视频流由于特殊性,为任务划分以及基于划分的卸载提出了更高的要求:一方面,视频流本身体积庞大,这一特点使得该类型数据在不同平台之间的流动变得较为困难,每一次网络传输都需要付出较大的时间及服务成本;另一方面,视频处理本身具有连续性,不同子任务之间可

能具有较高的耦合程度，对任务的切分造成了困难，进而导致处理任务卸载至边缘平台、云平台时面临更多问题。

②边缘平台资源：边缘平台相比于云平台，本身不具备海量的计算、存储等资源，因此对于计算密集型的视频流应用而言，难以提供无限制的处理能力。例如，用于处理视频图像的 DNN 通常具有百万甚至千万级的参数，这使得边缘平台中单一的计算节点可能难以负载。对于用户而言，需要更加缜密地考虑云边协同处理方案，而不能简单直接地套用现有卸载策略。

③边缘服务范围：处于网络中心的云平台能够对网络全局的计算请求进行处理，而边缘节点受限于服务范围，仅能够为一定区域内的用户提供服务。但与此同时，许多视频流应用的计算任务具有较高的持续性，需要平台为它提供不间断的计算服务，这对于移动性的视频源而言，将造成节点切换、任务迁移、服务稳定性等多方面影响。

此外，减小视频体积意味着可能造成视频的细节完整度降低，进而导致在用于目标检测、物体追踪等的深度网络模型准确率方面有所妥协，因此需要使用更加细粒度的优化方案来弥补画面细节减少带来的损失。

因此，在传统云平台的任务卸载方式俨然无法适应体积增长迅速的视频流处理应用的当下，如何利用云边协同平台进一步优化视频大数据处理性能，值得人们深入研究。

3.前沿研究

对于计算、存储以及网络传输能力的需求使得视频流处理系统需要采用新的计算服务模式来实现。目前，云边协同平台为它带来了希望，同时也面临着许多问题，不仅包括云边平台本身所面临的问题，也包含针对视频流处理应用的特殊挑战，学术界以及工业界的研究人员对此进行着不断探索。

(1)边缘环境的网络不稳定性

针对边缘环境中对视频流图像处理任务影响较大的网络因素进行分析，考虑到无线通信信号强弱，提出了三种处理方案。

①本地执行。

②完全卸载。

③本地预处理(减小体积)后卸载至云边平台,并对不同模型的计算时间、计算能耗、通信时间、通信开销等多方面进行综合建模分析,权衡计算时间与能耗、通信时间与能耗,在不同信号强度时选择不同的最优策略完成图像处理任务。

(2)边缘节点的多租户特性

同一个边缘节点可能同时服务于不同的用户,但由于边缘平台的地理位置以及服务范围,这些用户可能具有相似或部分相似的视频流计算任务,尤其是基于深度神经网络模型的图像处理,不同的图像可能应用相同的模型或相同的子模型进行推断。基于这个理念,Mainstream 框架基于迁移学习,对使用相同预训练模型的并发执行的视频处理任务进行分析,利用相同预训练层[作者称为共享茎干(sharestem)部分]的一次计算,消除重复计算。但由于不同的应用可能会对相同的预训练模型进行细粒度的优化训练以提升模型推断准确率,因此共享茎干的比重会随之降低,同时减慢了帧处理速率。为了解决这个问题,即动态权衡视频流处理速度与模型准确率,该框架包含三个部分。

①M-Trainer:模型训练工具包,能够使得基于预训练模型进行训练优化的过程保留不同粒度级别的副本,同时产生不同级别模型的推断准确率等元数据。

②M-Scheduler:使用训练时生成的数据,计算不同层(包括共享茎干)的运行时间开销,寻找全局最优策略。

③M-Runner:提供应用运行时环境,动态选择不同级别的模型提供服务,实现共享茎干带来的计算量减少与准确率下降之间的权衡。该框架专注于并发视频流任务处理的场景,提供了从开发到部署运行的完整框架,但同时也为开发者的实现带来了一定难度。

(3)云边协同下的智能处理

深度学习技术为视频大数据处理带来了前所未有的性能提升,但包括深度神经网络在内的模型架构的复杂度使得它对于资源具有较高的要求,这表现在模型训练以及推断两方面。

①模型训练:对于视频大数据应用的深度神经网络模型的训练而

言,数据的规模和体积成为限制性能的一个重要因素。通常,模型训练阶段通常放置于拥有较多资源的平台而非在终端设备上运行,因此视频数据的传输将造成巨大的网络带宽开销。CDC框架实现了一个轻量级的自动编码器(AutoEncoder,AE),以及一个轻量的元素分类器(Elementary Classifier,EC):首先,CDC框架控制AE对数据进行压缩;随后,EC使用压缩后的数据以及数据标注进行梯度下降计算,调整自身参数集合;再者,AE基于自身压缩造成的损失与相应的EC的损失值共同优化自身参数,并设置削弱参数α,调整EC的损失对AE训练过程的影响权重,避免不收敛的问题;如此往复迭代,实现EC、AE相结合,EC指导AE的训练。经过训练后的AE将具备内容感知的压缩能力,结合精度降低策略,实现传输到云端的较低的带宽开销。同时,云端能够评估网络状况,向边缘端反馈后续的图像压缩率。该框架以智能压缩的思路,对降低训练数据网络传输开销的方向进行了有价值的探索。

②模型推断:同样是采用压缩策略,从关键区域(Region Of Interest,ROI)的角度实现带宽与准确率之间的权衡。基于SORT、Hungarian等算法,在云端将包含目标物体的ROI坐标反馈至边缘端,边缘端基于multi-QF JPEG算法对ROI及非ROI区域进行不同质量程度的压缩,并将压缩后的数据发送至云端推断。同时,基于Kalman Filter算法,该研究为每个目标物体建立一个行为预测模型,以抵偿边-云-边这一反馈传输过程的延迟。

(4)其他

基于动态规划思想,在云端构建了一个动态数据模型,对固定视频流进行分析,并预测下一次可能发生的事件的时空位置,以对特定监控传感器进行带宽控制。而从多比特率视频流传输的角度出发,认为传统边缘缓存方法通常需要视频流行度符合特定分布,但实际场景下边缘节点覆盖区域小、用户移动性高、用户请求受移动设备上下文影响大。因此研究人员将该问题建模为0—1优化问题,利用多臂老虎机理论,设计了CUCB(C-upper置信区间)算法进行优化。具体而言,该方法能够进行在线化的学习,根据用户需求实时地制定缓存模式和处理策略,可最大化视频服务提供商的利益,满足用户的服务质量要求。

此外，对于云边协同的视频处理，还能够应用全局统一的时空 ID 技术、视频编码与特征编码联合优化技术等，进一步对视频处理性能加以提高。

8.4　云边融合的数据处理系统

8.4.1　云边协同环境下的数据处理简介

当下，不论是传统行业还是新兴产业，每个领域的智能化转型与发展，都离不开计算机系统的支撑与帮助。对于应用于各行各业的计算机系统而言，想要实现从输入数据到准确决策的完整工作流，最大的挑战之一便是如何进行高效的数据处理。

1.背景

近年来，数据处理技术为许多行业带来了新的机遇，同时，越来越多的新型应用也对技术的发展提出了严峻挑战。下面将以 3 个具体行业的典型应用为例，从数据处理技术的角度，介绍当前多个行业中的典型应用案例。

(1)交通运输业

随着交通运输的自动化、智能化发展，自动驾驶技术将逐步解放人类本身对交通工具的直接操控，对人们的交通出行方式产生巨大变革。但要实现汽车脱离人为控制来行驶，至少需要完成以下三个方面的任务。

①交通规则的学习：需要基于人工智能技术，预先构建特定的交通规则模型，输入海量批训练数据，使模型进行迭代化学习，从而拥有对采集得到的交通信息图像进行推断的能力。其中最为关键的，便是如何高效地对大规模训练样本进行迭代式计算。

②行驶事件的处理：行车控制芯片需要对实时采集的交通情况进行特定格式的数据转换，输入交通规则模型，计算出下一步的指令行为。这些交通信息数据通常是持续的、不间断的，以传感器数据“流”的形式进入处理系统中，需要行车控制系统以极高的响应速度对它进行实时处理。

③行车情况的分析：对于行车过程中的周围环境信息、路线实际情

况，甚至天气数据，在行车控制系统进行处理后，并不能简单地丢弃，而需要借助于 M2M（Machine-to-Machine，机器到机器）或互联网技术，在汽车之间进行连网共享，构成区域性集群化的行车数据网，甚至是城市级的实时智慧交通网络。这样，不仅能够帮助其他车辆更好地优化路线、调整规则模型，更能够使车辆之间建立起相互感知，向紧急响应服务和汽车制造商传递关键数据，以进一步提升自动驾驶技术的可靠性和安全性。而这一频繁的计算密集型、延迟敏感型的过程，必然需要借助基于云边协同的层次化计算平台之上的高效数据系统来实现快速响应、高效处理。

（2）生产制造业

随着传统行业的逐渐转型，以特斯拉（电动汽车企业）超级工厂 Giga 上海为代表，去人工化、高度自动化的工业物联网工厂建设逐渐成为当今生产制造业的主流趋势。在智能工厂中，通过物联网，实现对人员、设备、产品数据的一体化采集和智能化分析，监控从源头到消费者的端到端产品链，提高整体运行效率，为生产流程的结构优化提供决策支持，降低产业链成本及能耗。

在石油开采平台中，将基于传感器、成分分析设备、视频监控设备等形成的数据采集能力，基于硬盘及内存的数据存储能力，基于芯片的计算能力嵌入工业设备中，便可以将包括所有钻井、机床等在内的运行日志进行持久化存储、实时性或周期性的收集，提供给管理人员进行分析，实现预测性维护、预防性报警。

对于这些场景的实现，最突出的特点便是从各个源头不间断地连续产生数据，这些数据不仅结构多样，而且在短时间内产生速度极快，无法由传统的批处理系统来实现。

（3）医疗健康业

人口平均年龄的增长、慢性疾病的流行、公共卫生突发情况的影响，势必导致各级机构的医院资源愈发宝贵。可以设想，未来的医疗健康服务将从医院提供的集中式医疗服务逐渐转变为普遍存在和实时运作的智慧健康服务。利用贴近用户的环境感知网络和传感基础设施，智慧健康应用将不断收集用户的健康数据，同时进行处理、分析、诊断，并将必要结果(例如异常指标)告知用户。其中,对于实时性和移动性要求较低的海量数据处理,例如用户健康模型构建,需要利用大规模、集群化的计算资源来完成;对于包括关键生理指数(例如心率)在内的数据监测,却完全无法接受数据远距离传输带来的较大延迟和较长的响应时间,否则将可能延误最佳抢救时机,造成经济甚至生命财产的损失。基于传统设备与云平台的结构无法满足这一系列数据处理过程在能效、性能、隐私等方面的需求,因而必将采用基于云边协同的层级式计算环境,利用高性能的批流数据处理引擎来高效实现。

2.环境

数据不可能凭空产生,同样,应用不会凭空运行。为了实现最终面向用户的数据处理应用软件,自底向上分别需要以下几个部分。

(1)硬件资源

任何应用都运行在计算、存储、网络等硬件资源之上,这些资源由数据中心的集群式服务器或网络边缘端的网关、嵌入式设备、微型服务器等提供,它们为上层软件提供最基本的环境支持。

(2)操作系统

为了能够更加抽象地使用硬件资源,操作系统对底层硬件进行封装,以系统接口的方式为软件研发人员提供更高层次的编程环境。

(3)计算平台

由于操作系统层面仅仅作为上层软件与底层硬件的媒介,无法为具体的计算任务提供更加针对性的环境,因此需要在操作系统之上开发满足当下新型应用需求的计算平台。

近年来,随着云计算技术的逐渐发展与成熟,云平台逐渐成为大数据场景下存储、处理、决策的通用平台。但依赖于远距离、中心化数据仓库的天然特性,使得它本质上无法为在实时响应、低延迟、能源感知、安全性等方面具有高度需求的数据处理应用提供良好支撑。

具体而言,基于云平台的数据处理架构面临着以下主要问题。

①网络开销大:由于网络边缘端的数据产生源不具备相应的计算、存储能力,因此需要将原始数据通过不同架构的网络发送到物理位置较远的数据中心进行数据处理,这一过程将占用较高的网络带宽。

②响应时间长：由于数据需要在产生端与云中心之间进行往返传输，因此应用的响应时间也随之增加，同时受到网络情况、传输距离等因素的影响，较高的延迟导致无法实时做出有效决策。

③隐私安全性风险高：大量用户数据需要传输到中心化的数据仓库进行后续处理、存储、推断，因此将面临敏感信息泄露、数据窃取等诸多风险。

④资源透明性差：距离数据产生源较远的数据中心由于地理因素，无法完全掌握数据产生设备的情况，从而难以对细节进行了解。

因此，更加靠近数据产生源的边缘计算技术应运而生。该技术能够在网络边缘端提供具备一定资源（例如计算、存储、网络传输能力）的计算平台，使得传统上需要远距离传输的数据处理任务可以卸载到边缘端进行实现，从本质上对基于云平台的数据处理系统所面临的问题提出了可行方案。

如今，随着边缘技术的不断发展，已经逐渐衍生出“云-边”协同的、层次化的计算平台架构。该架构融合了传统云平台计算能力强、资源充足等特性，以及新型边缘平台分布式、近距离的优势，为诸多行业的新型数据处理应用提供了有效支撑。

(4)处理引擎

立足于云边协同的计算平台，借助“中心-边缘”相结合的环境特点，人们想要充分发挥它为数据处理任务带来的低延迟、高响应、安全性等优势，仍然面临着数据处理引擎这一重要挑战。过去，基于云平台，有包括 MapReduce、Spark 在内的诸多成熟的批处理框架（系统）来完成大规模数据处理任务，但如今随着新型应用的发展，越来越多的数据以“流”的方式呈现，事件不断产生，不断流入系统，同时也需要即时进行处理，以最高的效率获取即时的结果，进行即时的决策。显然，以往的批数据处理引擎已经无法满足此类新型技术的需求，需要在云边协同的先进平台下，探索具备高效处理批数据、流数据能力的新型引擎。

3.数据

在对批流数据处理系统进行探索之前，首先对历史数据和实时数据这两类数据进行介绍。

(1)历史数据

历史数据即离线的、具有边界的数据:“离线”指数据已经存在且固定,不会随时间的发展而变化(不包括人为的改变);“边界”指时间范围,即已经发生的数据自然地处于一个不可变的时间段内。全量的历史数据通常在文件系统(例如 Hadoop 分布式文件系统(HDFS))或数据库管理系统(例如非关系型数据库 NoSQL 中的 MongoDB)等的支持下,持久化地、分布式化地存储在硬盘等稳定介质中。对于此类数据的批量高效处理,目前已经出现了很多正在发展并趋于成熟的计算引擎,例如 MapReduce、Spark 等,此类系统能够通过对批量数据的计算优化,实现较高的性能水平。

(2)实时数据

实时数据即不断变化产生的、在线的、没有确定边界的(通常指时间意义上的事件终止边界)数据。“在线”指这一系列的数据随着当前的时间发展,由每时每刻都在发生的事件和状态改变所带来;“没有确定边界”则由于时间不会静止,会不间断地持续向前发展,因此数据也会随着更新的事件的发生而源源不断地产生。此类数据不仅具有通常“大数据”所具有的规模大、产生速度快、种类多样等特征,还具有较高的时间敏感性、产生速率不稳定等特征,这对相关的处理引擎提出了前所未有的更高要求。

4.处理模式

基于上述云边协同计算平台,对于历史与实时两类数据,可以将各行业的数据处理应用根据数据流向分为三类典型的负载场景。

(1)云端到边缘端

云中心负责接收数据,基于大规模计算资源,利用批流处理引擎进行全量历史数据的批处理或者实时数据的即时处理,并根据处理结果进行决策,将执行动作或资源调度等命令下发至边缘端,进而对边缘节点所连接的边缘设备进行控制。此时,边缘端充当执行器(actuator)的角色。

(2)边缘端到云端

利用边缘端更加靠近数据产生源的特性,由边缘端直接对设备感知器(sensor)产生的数据(例如物联网传感器实时产生的流数据)进行处理,并将处理结果即时地发送至云中心,从而减少数据传输带来的不必要开销。

(3)边缘端到云端到边缘端

结合上述两者,此类负载将首先经由边缘端,对设备产生的批量或流式数据进行获取、处理,再将处理后的结果发送至云端。最终,由云端对各边缘节点发送的信息进行聚合、计算等操作,将更新的指令再次发回边缘节点。

这三类应用负载分别对云中心节点、边缘节点的计算能力和存储能力,以及两者之间的网络传输能力提出了不同程度的要求,因此也面临着不同的问题亟待解决。

5.问题与挑战

基于云边协同计算平台,面对不同类型的应用负载,新型批流数据处理系统在传统数据处理引擎遇到的问题之外,还面临着以下方面的挑战。

(1)异构性

不同于传统单一的大规模云数据仓库,新型云边协同平台将建立在以云平台为中心,以分布式边缘节点为主力的计算环境下。这不仅需要考虑具备不同底层架构的计算资源,以便向上层应用提供统一的开发环境,更需要考虑不同设备之间如何有效通信、调度等问题。让数据处理引擎以通用、经济、高效的方式为不同架构的用户均提供高可用性,将是一个巨大挑战。

(2)多样性

基于云边协同平台的万物互联场景下,各行各业的一系列数据处理任务不尽相同,这不仅体现在(本节一、(四)处理模式)中所介绍的数据处理模式多样上,更体现在数据源多样、数据产生速率多样、上下文结构多样等方面。例如,对于交通事件模型、人体生理指数模型的建立,一方面,需要利用全量的历史记录进行模型学习,另一方面,需要将实时的数据更新输入系统,即时更新模型,以实现更加准确的决策。这不仅要求数据处理系统的批处理能力,更对批流融合处理能力提出了更高的要求。

(3)差异性

不同的任务标准本身对数据处理引擎的需求就具有较大的差异。例如,一些流数据处理应用仅仅需要检测异常事件、匹配预设模型,而另一些应用将需要汇聚多个数据流,进行聚合性复杂处理。相对于传统的批处理引擎,云边协同环境下所需的批流处理引擎需要具备更高的通用性、泛化性,以满足不同应用的需求。

(4)限制性

由于云边协同平台运行环境的不统一,从路边单元、移动边缘服务器,到小型计算设备(例如 Raspberry Pi),再到嵌入式微型芯片,边缘节点的计算资源在很多情况下将极为短缺,这使得数据处理系统受到了极大的条件限制,而无法利用足够的资源来保证高性能表现。

(5)稳定性

由于不具备大规模保障性的服务器集群资源,边缘节点通常处于更加靠近数据产生源的复杂环境中,同时它的计算资源和网络条件无法提供充分的稳定运行能力。不仅如此,对于移动性计算任务(例如行驶的车辆、用户的可穿戴设备等),边缘节点之间的协调、切换等操作,将直接导致负载任务的极高动态性,进一步加剧异常情况的发生。因此,如何保证对关键任务在非稳定环境中出现的数据重复、错误,甚至是缺失,以及计算节点的异常、掉线等突发情况进行有效处理,将是云边协同环境下数据处理系统要解决的重点任务。

(6)高吞吐

数据处理从传统基于云平台的架构进化至基于云边协同平台的架构,一个重要原因便是对响应速度的极高需求。不论是自动驾驶技术中对交通状况的实时感知,还是智慧健康中对人体生理指数的监测,数据平台只有以毫秒级的延迟对大规模输入数据计算得出准确的结果,才能保证行车的安全与用户的身体健康。因此,运行于边缘节点的数据处理引擎若无法承担边缘设备短时间内产生的大规模数据,则会直接导致指令决策无法即时生成,甚至造成数据堆积,导致系统崩溃。

相比于传统的批数据处理,云边协同环境下的数据处理面临更多的问题和挑战，批数据和流数据融合处理是云边协同环境下需要面对的首要挑战。在实际的场景下，云边协同下的批流融合需要面临的挑战包括动态性、可伸缩性、容错性、异构性和一致性等。通常情况下，数据源是在不断发生变化的，如数据表结构变化和表的增减等，这些都需要一定的策略去处理；在一个分布式系统中，通常会有大量的任务需要同步完成，因此集群需要提供可伸缩性，对任务进行统一的调度，保证任务并行执行的效率；实际系统中网络、磁盘、内存等都有可能发生故障，需要考虑任务失败后如何进行恢复、数据是否会因此丢失等；数据源的异构性体现在数据结构和语义的异构性上，如何进行融合也是需要慎重考虑的；一致性问题是任何分布式环境下都需要考虑的，只有一致的数据才能保证工作的正常开展。

在面向云边协同环境的数据预处理中，为了保障数据处理的高效性和准确性，首先需要考虑如何高效地融合批数据和流数据以获得一致的数据，然后再进行高效的数据分析和处理。目前，业界公认的两种批流一体化架构包括按需使用批量和流式的 Lambda 架构以及用一个流式处理引擎解决所有问题的 Kappa 架构。数据预处理作为数据分析和处理之前的一系列操作，可以在很大程度上降低数据融合和数据分析、处理的难度。下面将先以实际案例的形式对云边协同环境下的数据预处理面临的技术挑战和关键技术进行介绍，然后再介绍批流融合处理结构与系统，最后对可能的未来批流融合处理技术进行展望。

8.4.2 云边协同环境下的数据预处理

1.概述

从 1958 年数据模型的概念被提出，到早期的数据库，再到如今流行的关系型数据库、非关系型数据库以及其他数据存储和管理技术，人类对数据的管理和应用能力有了显著的提升。然而无论是数据管理还是数据应用，总是避免不了处理各种“数据缺陷”，在处理数据缺陷的过程中，数据预处理技术得到了广泛的关注和发展，并且起到了重要作用。

在 2008 年以前，数据的存储、管理和应用主要以各种类型的文件系统和数据库为基础，数据查询和数据分析是数据的主要用途。由于绝大部分数据都是由人类的生产活动所产生的，因此不可避免地存在脏、乱、差等数据缺陷,无论是存储数据到文件系统还是数据库中,以及之后查询数据、分析和处理数据,都需要解决数据缺陷的问题。2008 年之后,数据的规模和应用大幅增长,标志着正式进入大数据/云计算时代。在这一时期,不仅仅是数据量累积到了海量的地步,计量单位动辄 PB、EB、ZB,数据的生成速率以及数据的类型多样化也达到了前所未有的地步。虽然传统的数据存储和管理技术已经有了很大的发展,但是面对如此海量、高速并且多样的数据,依旧显得捉襟见肘。好在需求推动技术,技术解决问题,各种分布式存储和管理技术相继被提出,如 Hadoop 相关的 HDFS、HBase、Hive 以及 NoSQL 中的 BigTable、MongoDB 等。此外,数据挖掘、机器学习、视频大数据和社交网络等也将人类对数据的应用推向了新的高潮,在这之中,数据预处理技术依旧扮演着重要角色,为各种数据存储和数据应用提供高质量的数据。之后,随着有别于集中式数据处理的云计算和边缘计算成为新的研究热点,以 2018 年为时间节点,人们对数据的存储和应用逐渐进入云边协同时代。5G 无线通信网络和其他各种高速数据网络推动物联网不断发展,智慧城市、智能电网以及无人驾驶等成为人类的建设重点,我国更是将新基建确立为下一步经济发展的主要路径,发力于数字化基础设施建设。这一时期面临着更多的挑战,庞大的物联网网络以各种传感器、终端设备和智能设备为基础,时时刻刻都在产生着海量的数据,这些数据有着多种类型,如温度传感器产生的数值数据,交通摄像头产生的视频数据,智能手机产生的文字、语音等数据,此外产生的这些数据都需要通过数据传输网络传输到相应的数据处理节点进行分析和处理,以做出实时决策,产生价值,在这一过程中,数据缺失、数据错误以及集成多数据源的异构数据等问题都需要得到有效的解决。

总之,数据预处理无论是在数据库还是云计算,或是云边协同中都具有重要作用。数据预处理技术一般包括数据清理、数据集成、数据归约,即对(原始)数据进行分析和处理,移除或填充缺失数据,识别和平滑噪声数据,合并多源数据,通过数据降维、特征子集选取或数据聚合进行数据归约,根据后续数据应用对数据进行规范化以及其他数据变换,为下游数据应用提供高质量的数据,提高后续数据应用的准确率和效率,为智能决策的实时生成保驾护航。

2.数据质量

随着科学技术的不断发展,人类的生产活动产生和积累了越来越多的数据,它们被广泛应用于智能商务、智慧城市、数字经济等建设中,作为发掘新的知识或价值的基础。然而现实中积累的数据大多是脏的、不完整的甚至是不正确的。原始数据在被应用之前,例如作为某些数据挖掘算法或深度神经网络的输入,需要进行一定的处理,以提高数据的质量,提高其准确性、一致性以及可信性等。

那么什么是数据质量,又该如何提高数据质量呢?数据质量并没有一个严格的定义,对数据“质量”的度量很大程度上取决于数据的应用。能够满足应用需求的数据是高质量的,在判断数据质量时需要考虑的典型因素包括准确性、一致性、完整性、时效性、可信性和可解释性。现实世界数据的普遍特征包括不正确、不一致和不完整。导致数据不正确的因素有很多:收集数据的设备存在故障;人们在填写数据信息时故意提供错误的数据;数据在传输的过程中出错,如网络传输过程中某些位错误。数据不一致则可能是由于同一数据在不同收集处所采用的度量单位不同、设计程序时对现实实体的命名不同等。不完整的数据除了由于在收集时被人恶意提供或者因程序错误而产生外,还可能是由于在数据的存储和使用过程中,被判定为与其他不一致、不正确的数据相似而被删除,虽然在当时删除这类数据是正确的操作,但对后面的数据分析和使用产生了影响。这也从一定程度上体现了数据质量是需要根据数据使用的上下文来判断的。数据的时效性则指明数据质量实际上依赖于某段时间,当数据过了某段时间,那它可能就没有意义了。可信性反映数据受用户信任的程度,而可解释性则反映数据是否容易理解。有时候即便数据是准确、完整、一致且及时的,但因为很差的可信性和可解释性,它仍有可能会被定性为低质量的数据,毕竟谁都不愿意面对一堆无法信任或解释的数据。

正是由于现实数据的这些特征,以及高质量的决策必然取决于高质量的数据,提高数据质量得到了研究人员的广泛关注。各种数据预处理技术可以显著改善数据质量,从而提高数据应用的准确率和效率。数据预处理的主要步骤包括数据清理、数据集成和数据归约。

①数据清理通常迭代执行错误检测和错误修复，通过填补缺失数据，识别和平滑噪声数据以及纠正不一致的数据，识别和移除异常数据、冗余数据，从而获得相对准确、完整和一致的数据。

②数据集成则整合来自多个数据源的数据，这些数据源可能是异构的，解决诸如数据结构和语义不一致等问题，为数据应用提供统一的数据视图，方便后续对数据的查询和分析。

③数据归约则通过归约等技术，获得较小的原数据的近似(归约)表示，它在减少存储和计算需求、提高算法运行效率等方面取得了显著的效果。数据离散化也可以看作一种数据归约方法，它指将连续数据转换为离散数据，可以很大程度上减少数据值域的范围(某些高效的数据挖掘算法只适用于离散化的输入数据)，从而提高算法的运行效率。

这一系列的数据预处理技术在实际使用过程中不一定都会用到，也可能是其中某几个技术交替使用，无论如何，最终的目的都是改善数据质量，提高数据分析与处理的效率和准确率。

3.数据清理

现实中的数据往往都是"脏"的，那些从各类传感器或者信息收集程序获取的数据往往存在缺失数据、噪声数据、离群点等不正确或不一致的数据，甚至那些早已经过处理并存储起来的数据在当前的应用场景下也存在一定的数据质量问题。数据清理通常作为数据预处理的第一个步骤，主要目的就是应对这些问题，通过有效的手段填充或删除缺失的数据以改善数据质量，如：直接删除属性缺失很多的记录，使用众数、均值等填充缺失数据，或者用更智能化的方法学习原始数据分布以预测并填补缺失的数据；根据数据的基本统计特征识别并平滑可能存在的噪声数据，特别是对图像数据的降噪、去噪；探测并移除离群点，典型的方法包括基本统计方法、高斯混合模型、非参数化贝叶斯算法等。

研究人员已经对数据清理中缺失数据、噪声数据和离群点的检测与处理进行了广泛的研究，虽然因为数据质量的评估严重依赖于数据应用的上下文，导致很难设计出通用的解决方案，但是研究人员依旧实现了很多有用的技术、方法以及工具，以对"脏"数据进行清理，提高数据清理的效率和准确率。

(1)缺失值

电力系统是现代社会经济发展和社会进步的基础与重要保障,然而传统电网的电源接入与退出、电源传输等缺乏弹性,电网系统在多级控制中反应迟缓,无法实现实时配置、重组性、可组性和动态柔性,系统自愈能力、自我恢复能力完全依赖于实体冗余。长期以来,传统电网的主要能源来自化石能源,给环境造成了严重污染。为满足构建环境友好型社会的要求,传统的电力能源结构正在从单一的化石能源为主,逐渐转变为风电、光伏电等多种绿色能源和其他新兴可再生能源。智能电网因此成为支持新能源并网、电力能源网络结构转变和管理的重要解决方案。

电力物联网作为智能电网的基础支撑平台,在提升电力系统智能化水平,有效管理电力系统长期运行,实现低能耗、低污染、低排放方面起到了重要作用。电力物联网通过智能传感和通信装置从电力系统中获取有效信息,经由无线或有线网络进行信息传输,并对感知和获取的信息进行数据挖掘和智能处理,从而实现信息交互自动化、实时控制、精确管理和智能决策。在逻辑上,电力物联网分为感知互动层、网络传输层和应用服务层。感知互动层主要通过无线传感器网络(WSN)、射频识别(RFID)、全球定位系统(GPS)等信息传感终端对电网各个环节的相关信息进行采集。信息传感终端包括传感器等数据采集设备、数据发送和接收设备等,如 RFID 标签和 RFID 扫描仪、视频采集摄像头、各类传感器以及短距离传输无线传感网。网络传输层以电力光纤网、电力无线专用网为主,电力载波通信网、属性通信公网为辅,实现感知互动层信息的广域或局部信息传输,数据可以通过电力专网、电信运营通信网、国际互联网和小型 LAN 等网络传输。应用服务层通过数据挖掘、智能计算、机器学习等协同多个系统共同运作,实现电网海量信息的综合分析和处理,从而实现精确控制、智能决策和高质量服务。

然而,由于电力设备和物联网设备在强磁场环境下存在潜在的风险,电力物联网仍处于探索阶段,各类标准和规范较少,使得电力物联网的建设需要面对不少挑战。由于数据采集和传输过程中可能存在的设备故障和传输问题，数据缺失成为其中普遍并且亟待解决的问题，因为缺失数据会严重影响对电力物联网的精确控制和智能决策。

在智能电网中，根据居民用电情况动态调整电力供应是实现电能高效利用、缓解用电紧张的重要措施，同时根据电力使用情况动态浮动电价是实现用户和电力供应商双方利益最大化的有力保障。因此记录用户的实时用电情况是十分有必要的，然而在某些情况下有可能无法得到用户的用电数据。表 8-1 是某用户 2 天的用电数据，其中有部分数据缺失了，可能会对后续的决策造成不良影响。但在实际中，由于一般用户每天的用电量基本不会有太大的差别，因此可以用不同日期下相同时间的数据来填充缺失的数据，如这里可以使用 2016/2/67:00 的用电量来填充 2016/1/67:00 这里缺失的电量值。此外还可以用 2016/1/67:00 前后两个小时用电量的均值来填充，如(0.462＋0.325)/2＝0.3935(kW・h)。当然，还可以通过分析该用户以往的用电情况，对该缺失的用电数据进行填充。

表 8-1　某用户 2 天的用电数据

开始时间	值(kW・h)	开始时间	值(kW・h)	开始时间	值(kW・h)	开始时间	值(kW・h)
2016/1/60:00	1.057	2016/1/612:00	0.426	2016/2/60:00	1.281	2016/2/612:00	0.824
2016/1/61:00	1.171	2016/1/613:00	0.421	2016/2/61:00	?	2016/2/613:00	0.55
2016/1/62:00	0.56	2016/1/614:00	0.447	2016/2/62:00	1.231	2016/2/614:00	?
2016/1/63:00	0.828	2016/1/615:00	0.496	2016/2/63:00	0.909	2016/2/615:00	0.799
2016/1/64:00	0.932	2016/1/616:00		2016/2/64:00	0.825	2016/2/616:00	0.833
2016/1/65:00	0.333	2016/1/617:00	3.647	2016/2/65:00	0.55	2016/2/617:00	3.408
2016/1/66:00	0.462	2016/1/618:00	3.018	2016/2/66:00	0.514	2016/2/618:00	?
2016/1/67:00	?	2016/1/619:00	3.326	2016/2/67:00	0.536	2016/2/619:00	1.642
2016/1/68:00	0.325	2016/1/620:00	2.175	2016/2/68:00	0.657	2016/2/620:00	0.896
2016/1/69:00	0.294	2016/1/621:00	2.973	2016/2/69:00	?	2016/2/621:00	2.71
2016/1/610:00	0.273	2016/1/622:00	2.994	2016/2/610:00	0.886	2016/2/622:00	1.176
2016/1/611:00	0.723	2016/1/623:00	1.794	2016/2/611:00	0.894	2016/2/623:00	2.236

①技术挑战：自 20 世纪 60 年代的传感器网络(SN)到无线传感器网络(WSN)的构建，各类传感器作为新的“感知器官”从环境中收集各种数据，为各类判断以及决策提供基础支撑。如今的物联网不仅包含无线传

感器网络，还包含许多其他的组成部分，如无线局域网（WLAN）、移动代理和射频识别(RFID)。但是无线传感器网络依旧是物联网的核心组件，部署在环境中各个角落的庞大传感器网络以低成本的方式运行各类感知服务。目前，这些传感器已成功运用于环境监测、智慧城市、智能电网等智能行业中。通常，传感器收集的数据会经由数据传输网络传输到特定节点进行分析和处理，以进行智能决策。

底层传感器网络收集的数据是一切决策的基础，为了提高决策的可靠性，从环境中收集和处理海量数据是十分有必要的。然而大多数传感器都部署在恶劣的环境中，并且可能在数据传输过程中受到恶意攻击，从而产生无效甚至具有误导性的数据。据统计，传感器网络所提供的数据只有不到50%是有效和可靠的。异常的数据传输不仅会增加节点能耗，还会占用网络带宽，影响数据分析的结果。

事实上，物联网中收集的数据集普遍存在的一个问题是缺失值，由于设备所处的恶劣环境以及数据传输网络的不可靠，无论是数据收集阶段导致数据值丢失还是后期存储管理阶段导致数据值丢失，都不可避免会对当前数据的分析和应用产生不可预料的影响，因此如何处理缺失值成为亟待克服的挑战。

②解决方案：在缺失值处理过程中，无论是简单直接地删除存在缺失值的数据实例还是用估计值（如均值、众数、中位数等）替换缺失值以获得完整数据集来估计缺失值，或是通过其他策略填补缺失值，了解数据缺失值出现的机制都是十分重要的。笔者对数据实例属性可能出现缺失值的机制进行研究，通过描述缺失值出现的概率与数据之间的关系，总结了3种缺失数据机制。

完全随机缺失（MCAR），最高级别的随机性，即数据实例具有属性缺失值的概率不依赖于已知值或缺失数据。在这种随机性水平上，可以应用任何缺失值数据处理方法，并且不会给数据带来偏差。

随机缺失（MAR），数据实例具有属性缺失值的概率可能取决于已知值，而不取决于缺失数据本身的值。

非随机缺失（NMAR），数据实例具有属性缺失值的概率取决于该属性的值。

有研究者还回顾了用于分析具有缺失值的数据集的传统方法，粗略地将这些方法归类为仅使用完全记录的数据实例的方法、加权方法、插值和基于模型的方法，并介绍了大量贝叶斯方法以及多重插补、数据扩充和 EM 的扩展算法（例如 ECM、ECME 和 PX-EM）等填充缺失数据的方法。

自 20 世纪 80 年代以来，缺失数据分析方面的理论和计算技术都得到了飞速发展，涌现了很多数据缺失处理方法，这些方法大致可分为三类。

将某些属性值缺失的样本直接丢弃，当数据集中缺失某个属性值的样本较多时则直接丢弃这个属性。

采用极大似然估计等参数化方法，通过部分完整数据样本估计模型参数，最后用采样的方式进行插值。

用预测值填充缺失值，通常数据样本属性之间存在一定的关系，可以通过如机器学习等方式探索数据属性之间的关系，从而预测缺失的值。

用于缺失值分析与处理的极大似然估计和多重插值是缺失值处理的有效算法之一。极大似然估计在 MAR 机制下可以假设模型参数对于完整数据样本是正确的，然后通过观察数据样本的分布对未知参数进行极大似然估计，对极大似然参数的估计在实际中常采用期望最大化算法。缺失值的极大似然估计比删除缺失值实例和单值插补更适用于大数据集，因为有效样本的数量足够保证极大似然估计值渐近无偏并服从正态分布。但这种方法也可能会陷入局部最优解，算法的收敛速度不是很快，计算相对更复杂。多重插值基于贝叶斯估计，认为待插值的缺失值是随机的并且它的值应该来自已经观测到的值。具体算法由两个步骤迭代完成。

使用均值向量的估计和协方差构建一组基于可观测值的回归方程，并为每个缺失值产生一组可能的插补值，由此可以产生若干完整的数据集。

生成均值向量和协方差矩阵的替代估计，分别对各个插补数据集合用针对完整数据集的统计方法进行统计分析，然后根据结果生成新的参数值并根据评分函数进行选择，迭代生成最终的插补值。

对于基于预测的方法来说，过拟合是一个不容忽视的问题。有研究者引入了局部约束稀疏表示和局部正则化，其利用稀疏性、平滑性和局部性结构的优势来提高缺失值估计的质量。提出了基于局部约束稀疏表示的缺失值估计（LCSR-MVE）算法，该算法重构系数向量的稀疏性，通过稀疏性约束和局部性正则化来自动选择实例，并避免过拟合以进行缺失值估计。算法的估计性能对正则化权重并不敏感，在实践中很容易选择这些参数。

(2)噪声

随着社会经济的不断发展和生活水平的不断改善，人们对生活品质特别是居住环境的要求也在不断提高。传统的住房存在家电耗能过高、安防手段落后等问题，已不能满足人们的生活需要。近年来，随着科学技术的不断发展，特别是机器学习、大数据、物联网等先进技术不断取得突破，家用电子设备不断智能化，家居环境也发生了翻天覆地的变化。

物联网技术被广泛应用到住房中，使得各种家居设施（包括照明设施、安防设施、娱乐设施、个人电子设备等）都可以通过网络和服务整合在一起，家居环境因而更加易用、更加智能。例如：住房能耗利用率显著提高，各种家用电器、照明灯具、取暖设备等在不需要时自动关闭或以低能耗模式运行；用户对家用设备的控制更加灵活方便，通过智能手机或语音设备就可以远程交互式地控制家居设备的运行；房屋的安全性也得到显著提高，各种安防设备组成的安防系统可以有效防范非法入侵，或在意外事故（如火灾、有害气体泄漏）等紧急情况下报警，让用户可以随时随地监控家庭安全状况，防患于未然。

智能家居系统中，需要各种传感设备辅助采集信息，如利用可燃气体传感器、烟雾传感器、红外和压力传感器以及光敏传感器等获取室内外的基本环境数据，利用各种摄像头、语音设备、清洁机器人等随时获取室内的状态数据。这些数据通过部署在室内的无线或有线网络传输到智能家居控制中心进行分析和处理，生活行为辅助、家庭安防、主人身份识别、主人状态判断、主人行为预测等主要在控制中心完成。

①技术挑战：在主人身份识别、主人状态识别和预测等任务中，通常

需要用到诸如人脸识别、目标检测和自然语言处理等技术，并要处理大量视频、图像和语音数据。在处理过程中，不可避免地需要面对噪声数据。

噪声在现实数据集中是普遍存在的，可以将它理解为被测量的随机误差或方差。相比于文本、语音等数据，视频数据的数据量更大、维度更高，表达、传输、处理和利用的技术难度更大。此外，由于这类数据往往没有特定的目的，设备产生的图像、视频往往存在大量无用的信息以及噪声数据，这在无形中也增加了对它的处理难度。通常，在数据分析或处理中，噪声会对算法或模型的准确率和鲁棒性产生很大的负面影响。无论是对于有监督方法还是无监督方法，数据或模型都需要根据数据集的属性（及标签）来进行建模，而数据属性值和标签则是影响数据质量最直接也是最关键的因素之一。有效识别和处理噪声数据，可以显著提高算法或模型的准确率和鲁棒性。

②解决方案：粗略地，可以根据属性和标签将数据噪声分为属性噪声和标签噪声。其中属性噪声最普遍，对结果的影响也最大。属性噪声指的是一个或多个属性值被破坏，包括缺失或不完整的属性值、错误的属性值、未知或“默认”的属性值（可以理解为不存在或默认的无意义值，如 NAN、INF 等）。本书中提及的属性噪声主要指错误的属性值，特别地，在图像分析领域中，噪声也是亟待攻克的难关之一，它可以被认为是错误的属性值（像素值）。标签噪声指未正确标记的标签，具体可以分为两类：

· 数据集中存在具有相同属性值的重复数据实例，但它们具有不同的标签；

· 数据实例带有的标签不是真实的标签。

通常标签噪声在分类等任务中对结果的影响较大。

在分析图像时，数字图像去噪算法被广泛应用，有研究者提出了一种基于非线性总变化的噪声消除算法，使用拉格朗日乘子对图像噪声统计进行约束，使得图像的非线性总变化最小。在约束条件下求解时间相关的偏微分方程，在时间趋于无穷时方程的解收敛到稳态，即实现图像去噪。该算法是数值算法，对于噪声较杂乱的图像能取得很好的降噪效果，可以产生清晰的图像边缘，而且算法相对简单且计算速度较快。脉冲噪声普遍存在于图像中，使用新颖的开关中值滤波器并结合脉冲噪声检测方法，提出了边界判别噪声检测(BDND)算法，实现对严重损坏的图像去噪。BDND 算法将以当前像素为中心的局部窗口像素分为低强度脉冲噪声、正常像素和高强度脉冲噪声，通过确定两个边界来实现高准确率的噪声检测。有研究者重点解决极小和非常高的脉冲噪声，利用相邻像素的模糊平均构造隶属度函数表示的模糊集脉冲噪声，从而进行脉冲检测和消除，该方法称为模糊脉冲噪声检测和消除方法(FIDRM)，可应用于具有脉冲噪声和其他类型噪声的混合图像，实现图像脉冲噪声的消除，继而可以应用其他滤波器消除其他噪声。

近年来，随着数据的积累和计算机算力的不断提升，深度自动编码器和其他 DNN 在许多领域都取得了有效的成果，特别是提取非线性特征方面。然而实际中，数据集中的噪声数据会严重影响深度自动编码器的鲁棒性。有研究者基于鲁棒主成分分析，设计了鲁棒深度自动编码器(RDA)，通过将输入数据分为两个部分，一部分包含原始输入中的噪声数据，另一部分由深度自动编码器和另一部分数据重构，扩展的自动编码器可以在保持高效的高质量非线性特征发现的前提下，有效消除数据噪声。

在边缘场景下，原始数据通常来自众多处于恶劣环境的传感器，数据传输网络也存在很大的不确定性，因此数据中存在的噪声数据往往占有很大的比例，它们对后续的决策有极大的负面影响。如何消除噪声数据在边缘场景下愈加重要。噪声数据的识别和消除在监督问题中特别重要，噪声会改变信息特征与输出度量之间的关系，在对分类和回归问题的研究中发现，噪声严重阻碍从数据中提取知识，并破坏了使用该噪声数据获得的模型对问题的隐形认识。一直以来，研究人员都在探索在未知噪声的情况下，如何识别和处理噪声数据，从而提高算法或模型的准确率和鲁棒性。

识别和消除一般数据噪声的技术很早就被应用于数据预处理中，称之为 Robust learner，典型代表包括 C4.5 算法和模糊决策树，算法本身受噪声数据的影响比较小，但噪声水平较高时其会表现得比较差。可以在训练学习器之前消除噪声，因为这类算法通常很复杂、很耗时，所以只有在数据集较小时才适用。噪声过滤器可以从训练数据中识别和消除噪声数据，通常与对噪声数据敏感的学习者一起使用。

(3)离群点

国家安全和社会稳定是经济持续发展的重要保障，公共安全作为社会稳定的重要部分，一直以来都受到各个国家的重视。近年来，公共安全更是成为世界性的热点问题，成为政府和社会的关注焦点。

安防监控作为保障公共安全的重要环节，涉及人们日常生产活动的各个方面，特别是在人流大、流动人员复杂、秩序维持困难的公共场所，出入口控制、入侵检测、防爆安检和事故预警等用传统的方法已经无法正常完成，急需智能化安防系统的支持。

在上述环境中，对安防系统的功能需求越来越高，而现有的安防系统功能较为单一，智能化不足，例如当系统遭到入侵时不能判断受到的是何种入侵，具体的事件响应需要安防人员的主动参与，或者派人赴报警点查看，又或者启用预警设备或其他侦测设备才能应对。人机多次交互不可避免地加大安防系统响应延时，增加不确定性，而人力成本也成为安全防护系统的实施成本，成为安防系统规模化的障碍。

在新一代安防监控系统中，物联网技术得到了广泛应用，诸如实时监控、人员定位、身份识别、人员异常行为判断和预测、智能分析判断、人机智能对话等都可以高效完成。在诸多物联网设备和技术的支持下，具有自感应、自适应和自学习能力的安防监控系统能够结合多种传感器信息，从多维度快速分析判断，实现事故目标的识别追踪，甚至在没有人工干预的情况下启动各项应急设施。

①技术挑战：在安防监控系统中，通常需要在本地节点或后方监控中心对收集到的各类海量数据进行分析处理，提取各类潜在的威胁并实现预警。合理的数据预处理技术，如离群点识别，可以极大地提高系统的运行效率。离群点又称为异常点，通常是指数据集中所观测到的异常观测值。离群点产生的原因有很多，如系统行为的不可测变换、人为错误、欺诈行为，或是数据采集设备异常、机械错误等。虽然在有的数据分析任务中可能会将离群点和噪声数据都视作噪声数据，但是实际上离群

点并不是噪声，因为离群点的产生机制和其他数据的产生机制不同。一般而言，可以把离群点分为全局离群点、情景离群点和集体离群点三大类：全局离群点指数据集中显著偏离其他数据对象的点，是最简单的一类离群点；情景离群点指在某种情景下偏离其他数据对象的点，判断某数据对象是否为离群点依赖于所处的情景，如时间、地点等，也就是说判断时不仅需要考虑数据对象的行为属性，还需考虑情景属性；集体离群点指数据集中的某个数据子集明显偏离其他数据对象从而形成（集体）离群点，而数据子集中的单独数据对象并不一定是离群点。总之，一个数据集中可能存在多种类型的离群点，而不同的离群点可能用于不同的应用或目的。

离群点检测虽然应用广泛，但同时也面临着不少的挑战。一方面，某个数据对象是否为离群点实际上依赖于对正常数据对象和离群点的建模，然而一般离群点与正常数据类型之间并没有明显的边界；另一方面，离群点检测也面临处理其他数据异常（如噪声）的问题，属性噪声可能导致算法将正常的数据对象判别为离群点，从而降低离群点检测的有效性。此外解释离群点因何成为离群点也十分重要，但通常比较困难。

②技术方案：在大量的文献和实践中，把离群点检测方法大致分为基于统计学的方法、基于近邻性的方法和基于分类/聚类的方法 3 种。基于统计学的方法假设正常的数据集满足某个统计模型，显然离群点不满足该统计模型；基于近邻性的方法则判断数据对象之间的距离，通过某种距离度量方法，将偏离数据集中其他数据对象的数据对象视为离群点；基于分类/聚类的方法考虑将数据集划分为簇，那些属于小的偏远簇或不属于簇的数据对象即为离群点。

基于统计学的方法：在基于统计学的方法中，通常假设数据集中的正常样本是通过某个统计模型生成出来的，因此正常的数据对象出现在高概率区域而离群点出现在低概率区域。基于统计学的方法可分为参数化方法和非参数化方法。参数化方法假设数据对象由某参数的分布生成，在实际中通常可以用固定数量的参数对数据进行建模，计算速度相对较快。常用的参数化方法包括 GMM、PPCA 和 LSA。然而参数化方法需要预先假设有关数据的分布，如果假设从一开始就是错误的，那么将获得错误的模型。非参数化方法不需要预先假定数据分布，而是根据数据确定统计模型，这也就意味着统计模型的复杂性会随着数据的复杂性的增加而增加，最后的参数数量可能是无限的。常见的非参数化方法包括 DPMM、KDE 和 RKDE，相对于参数化方法而言，非参数化方法对数据分布的假设更少，需要更少的数据知识，可以更好地推广。

基于近邻性的方法：基于近邻性的方法相比基于统计学的方法而言更加直观，它在特征空间中使用距离来度量数据对象之间的相似性，远离其他数据对象的数据点被视为离群点。基于近邻性的方法假定离群点与它最近邻的数据对象的近邻性明显偏离数据集中其他数据对象与它们近邻之间的近邻性。近邻性方法又可分为基于距离的方法（如 ABOD、SOD），以及基于密度的 LOF 方法。基于距离的方法考虑数据对象给定半径的近邻，距离可以是马氏距离、欧拉距离等。而基于密度的 LOF 方法则考虑所考察数据对象与近邻的密度。

基于分类/聚类的方法：基于分类的方法，如 SVM 和 One-class SVM，将离群点检测看作分类问题，一般可以训练一个区分离群点和正常数据对象的模型，然而这种方法存在一个问题，即训练数据是高度不平衡的，通常离群点所占的比例远远低于正常数据对象所占的比例，在实际训练过程中可能需要采用诸如对正常数据对象进行欠采样，或者对离群点进行过采样的方法，以获得相对平衡的训练数据，模型的评价指标更加侧重于考虑召回率，而不单单是分类准确率。

基于聚类的方法则将训练数据划分为簇，通过考察数据对象与簇之间的关系来检测离群点。直观地，不属于任何一个簇的数据对象是离群点；与距离最近的簇之间距离较大的数据对象是离群点；数据对象是小簇或稀疏簇的一部分，那么整个簇中的数据对象都是离群点。典型的基于聚类的方法包括 K-Means、K-Medoids 和动态聚类。相对于基于分类的方法而言，基于聚类的方法是无监督的，不需要对数据对象进行标注，并且通常可适用于多种数据类型。然而基于聚类的方法也有明显的缺陷，即离群点检测的有效性高度依赖于所采用的聚类方法，聚类方法通常具有很高的复杂度，不适用于数据维度特别高或者大型的数据集。

有研究者对典型的离群点检测技术进行了概述，审查了各个方法的动机以及优缺点，发现由于不同的数据特征以及不同场景下的数据应用具有各不相同的需求，事实上并不存在单一的普遍适用或通用的离群点检测方法。在不同的情景下，使用者需要根据自己的需求，从各方面考虑并选取合适的方法，考量主要包括数据类型、数据是否有标记且标记结果是否可信以及如何处理离群点。有研究者全面概述了用于无线传感器网络的离群点处理技术，并提供了基于技术的分类方法和比较表，为数据类型、离群点类型、离群点标识和离群点特征选取提供了参考。还有人专门讨论时间序列数据的离群点检测，针对各种形式的时态数据，根据应用场景，概述了相关的离群点检测技术。研究人员面向大规模物联网传感器网络，基于张量塔克因式分解和遗传算法，将支持向量机(SVM)扩展到张量空间，提出了用于大规模传感器数据离群点检测的OCSTuM和GA-OCSTuM方法算法算法，提高了离群点检测的准确性和效率。

4.数据集成

随着社会经济的持续发展，人们的出行和物流运输需求越来越多，交通工具的种类和数量也不断增加，从而带来了巨大的交通压力，以及交通拥堵、交通事故频发和大量汽车尾气等一系列问题，传统的交通系统已经无法满足需求。随着物联网技术的不断突破，建设现代化的智能交通系统成为可能。在物联网平台上，通过结合先进的传感器技术、通信技术和数据分析处理技术，把出行者、车辆、道路、各类基础交通设施和相关管理部门整合在一起，形成安全、畅通和环保的智能交通运输系统，以有效提高交通网络的运行效率，减少交通阻塞和各类交通安全事故的发生，继而大幅减少车辆在道路上的停滞和行驶时间，减少燃料的消耗和尾气排放。

实现智能交通系统的准确而高效运行的前提是实时、准确地获取各类交通信息，并实时、高效地分析处理相关信息，以支持智能决策和预测。交通信息主要包括：静态的基础地理信息，道路交通地理信息(如路网分布)，停车场信息，交通管理设施信息，交通管制信息车辆、出行者等出行统计信息，动态变化的时间和空间交通流信息，车辆位置和标识，停车位状态，交通网络状态(如行程时间、交通流量和速度)等。

智能交通物联网可以通过多种传感器(网络)、RFID、二维码、定位、地理信息系统等数据采集技术,实现车辆、道路和出行者等多方面交通信息的采集。其中不仅包括传统智能交通系统中的交通流量感知,也包括车辆标识感知、车辆位置感知等一系列对交通系统的全面感知功能。具体地,磁频感知技术可以检测车辆的流量、车道占有率以及停车位是否空闲等交通参数。视频采集技术通过分析捕捉到的图像或视频数据,可以得到车牌号码、车型等信息,进而计算出交通流量、车速、车头时距、道路占有率等交通参数。具有车辆跟踪功能时还可以确认车辆的转向及变车道动作。视频检测器能采集的交通参数最多,采集的图像可重复使用,能为事故处理提供可视图像。位置感知技术可以获取精确的位置信息,目前的位置感知技术主要分为两类。一类是基于卫星通信定位,如全球定位系统(GPS)和北斗定位系统,利用绕地运行的卫星发射基准信号,接收机通过同时接收4颗以上的卫星信号,用三角测量的方法确定当前位置的经纬度。通过在专门的车辆上部署该接收机,并以一定的时间间隔记录车辆的三维位置坐标(经度坐标、纬度坐标、高度坐标)和时间信息,辅以电子地图数据,可以计算出道路行驶速度等交通数据。另一类位置感知技术是基于蜂窝网基站,它的基本原理是利用移动通信网络的蜂窝结构,通过定位移动终端来获取相应的交通信息。

通过各种设备或方式采集到的原始交通信息需要在本地或者控制中心进行进一步的分析处理,从而提取出有效的信息,继而为交管部门、大众等提供决策依据。

(1)技术挑战

由于交通信息的采集源多种多样,例如磁力传感器、车载雷达、红外传感器、监控摄像头、GPS、蜂窝网络等,所得到的数据不仅数据量大、数据产生速率快,而且格式也各不相同。在智能交通控制中心,在进行数据的分析处理之前,必须要对从各个数据源获取的数据进行集成,获得统一的数据视图,以支持利用多种数据源相互检验、互相补充、综合处理,产生高精度的实时交通信息,进行实时、准确、高效的智能决策和预测。

(2)解决方案

数据集成合并来自多个数据存储的数据并为用户提供统一的数据

视图。在数据挖掘中经常需要合并来自多个数据源的数据,以便获得数据的规范视图,然而实际上由于数据语义的多样性和结构多样性,数据集成往往面临巨大的挑战。

早期的数据库主要以关系型数据库为主,后来又出现了其他类型的数据库,如文本数据库、键值对数据库、视频数据库等,数据库中的数据通常是由预定义的数据结构(表)来进行组织的。有时候进行查询或处理数据时需要同时用到多个数据库中的数据,为了方便数据查询和分析,往往需要将多个数据库的数据共同组织起来,以便为数据应用提供统一的视图。随着理论和技术的不断发展,将这类集成多个数据源的技术称为数据集成。数据集成在数据仓库、物联网等领域也有重要应用。

在数据集成过程中,需要考虑诸多问题,如:怎么识别不同数据源中的对象实体或对象属性,通常来说,各个数据源对数据实体的命名、属性命名与组织等都可能存在较大的差异,在集成过程中不仅需要识别出相同的命名实体,还需要重新组织它的属性;怎么解决冗余问题,集成后的数据集可能存在属性冗余,例如某些属性可能由其他属性推导出来(例如月薪与年薪),那么这些属性可能是冗余的,去除冗余的数据可以明显降低数据对存储的需求,同时还能减少对数据分析的干扰,其他的冗余可能需要通过相关性分析才能识别出来。

总的来说,数据集成的主要任务是提供数据的统一全局视图,目前主要有两种解决方案:GAV(Global-As-View)和 LAV(Local-As-View)。在 GAV 中,全局视图与数据源之间相关,全局视图可以表示为局部数据源上的视图,需要在映射中直接定义数据元素的访问方式。因此,当数据源不断变化时,GAV 的效率会显著降低,当需要加入新的数据源时整个全局视图都需要进行更新。但由于 GAV 直接在数据源上访问数据,因此在查询时十分高效。相比之下,LAV 的全局视图与局部数据源是分离的,全局视图通过中间映射与局部数据源联系,当有新的数据源加入时,只需要建立新加入的数据源相对于全局视图的中间映射即可,而不用更改其他数据源的中间映射。

总之,无论是 GAV 还是 LAV 都可以获得全局视图查询的基本特征,都必须根据中间映射来从局部数据源获取查询的结果。在 LAV 方法中添加新数据源很容易，因为描述新数据源并不取决于其他来源，也不需要对这些数据源之间存在的关联有任何了解。在 GAV 中，添加另一个数据源很困难，因为需要更新视图。

然而数据集成过程中多个数据源间的数据可能存在冲突，特别是异构数据源间的集成，数据源之间的架构存在较大的差异，如实体的命令方式、属性值的数据类型和度量单位等互不相同。另外，冗余在结构集成过程中应尽可能避免，它通常会导致数据集大小增加，从而增加数据挖掘算法的建模时间，导致最终模型过度拟合。当一个属性可以从另一个属性或一组属性派生时，它就是冗余的。此外，属性名称的不一致也可能导致冗余。常用的属性冗余检测算法包括卡方检验、相关性系数和协方差。

此外，重复的数据对象不仅浪费存储空间和计算时间，而且还可能导致不一致。由于某些原因，某些属性值的差异可能产生相同的重复数据实例，并且有些情况下可能难以被检测到。例如数据来自不同的数据源，其测量系统也可能不同，从而导致某些情况实际上是相同的，但并非如此。数据对象中最常见的不匹配来源是标称属性，分析标称属性之间的相似性很困难，不能直接应用距离函数，并且还可能存在多种选择。大体上，可以将判断重复数据对象的方法称为概率方法，笔者将重复数据对象检测归纳为贝叶斯推理问题，数据对象的密度函数在它是唯一记录时与重复时是不同的，如果已知密度函数，则可以使用贝叶斯推理。另外，算法还有几种将误差和开销最小化的变体，包括：期望最大化，使用期望最大化算法来估计所需的条件概率；监督和半监督方法，使用机器学习算法来检测冗余的数据对象，例如使用 SVM 来合并数据对象不同属性的匹配结果，使用图划分技术建立相似且适合删除的冗余数据；基于距离的技术，使用距离来度量数据对象间的相似性；聚类算法，当数据不能使用监督方法时，聚类或层次图模型可以将属性编码，从而生成观测值的概率方法。

语义集成是数据集成中需要解决的另一个问题。语义可以理解为某个单词或句子的含义，数据集成中的语义集成特指处理数据源中的异构语义问题，即某些数据构造的含义可能不明确或具有不同的含义。不同数据源之间进行集成时，可能无法确定两个具有相同名称的关系是否表示同一事物，因此在集成时有必要确保要集成的数据在语义上是正确的。语义集成被定义为“通过考虑显式和精确的数据语义来分组，组合或完成来自不同来源的数据的任务，以避免语义上不兼容的数据在结构上合并”。因此，仅被认为与同一真实世界对象相关的数据可以进行组合。然而，事实上并没有适用于每个真实世界对象的语义规则。语义异质性可以借助本体来克服，本体被定义为“共享概念化的正式的、明确的规范”。

5.数据归约

IBM公司在2010年提出建设面向未来的先进、互连和智能的智慧供应链系统，通过传感器网络、RFID、GPS和其他设备，实现供应链的实时信息共享、追踪、溯源。智慧物流是一个更宽泛的概念，它将物联网、传感网和互联网整合起来，打造自动化、网络化、可视化、实时化、跟踪与智能控制的现代化物流系统，从而提高资源利用率和生产力水平。智慧物流具有创造更丰富社会价值的综合内涵。

近年来，随着电商经济的不断增长，我国物流业务规模快速增长，然而现有的物流系统还存在一些突出问题。具体地，从总体来看物流运行效率偏低，社会物流总费用与GDP的比例较高；“大而全”“小而全”的企业物流运作模式相对普遍，造成社会化物流需求不足和专业化物流供给能力不足；物流基础设施建设不足，尚未建立布局合理、衔接充分、高效便捷的综合物流运输体系，地方封锁和行业垄断对资源整合与一体化运作造成障碍；物流市场规范化不足，物流技术、人才培养和物流标准不能满足需求。因此，建立高度信息化、自动化、智能化的现代物流系统，降低物流运输成本，提高物流服务水平，已成为亟待完成的任务。

(1)技术挑战

智慧物流在实施的过程中强调的是物流过程数据智慧化、网络协同化和决策智慧化，而这依赖于各种物联网技术、数据挖掘技术和人工智能技术的支持。底层物联网设备利用各种传感器从环境中感知并收集各种信息，然后通过有线或无线通信网络将数据发送到相关节点进行分析处理。信息的采集和融合依赖于自动识别技术，它通过应用一定的识别装置，自动地获取被识别物体的相关信息，并提供给后台的处理系统来完成相关后续处理，以帮助系统快速而又准确地进行海量数据的自动采集和输入。自动识别技术在运输、仓储、配送等方面已得到广泛的应用。如今自动识别技术已经发展成为条码识别技术、智能卡识别技术、光字符识别技术、RFID技术、生物识别技术等组成的综合技术。智慧物流利用数据挖掘技术支持全面的、大量的复杂数据分析处理和高层次决策。数据挖掘算法需要从大量的、不完全的、有噪声的、模糊的和随机的实际数据中，挖掘出隐含的、未知的、对决策有潜在价值的知识和规则。数据挖掘一般分为描述型数据挖掘和预测型数据挖掘：描述型数据挖掘包括数据总结、聚类及关联分析等；预测型数据挖掘包括分类、回归及时间序列分析，目的是通过对数据的统计、分析、综合、归纳和推理，揭示事件间的相互关系，预测未来的发展趋势，为企业的决策者提供决策依据。人工智能技术探索用机器模拟人类智能，用数学语言抽象描述知识，模仿生物体系和人类的智能机制，主要方法包括神经网络、粒度计算和进化计算。神经网络是根据生物神经元的特点，简化、归纳和提炼出来的并行处理网络，主要功能包括联想记忆、分类聚类和优化计算等。神经网络具有结构复杂、可解释性差、训练时间长等缺点，但它对噪声数据的承受能力强、错误率低，通过应用各种数据预处理技术（如数据归约）和网络训练算法（如网络剪枝和规则提取算法），可以显著提高效率，因此能够用来解决那些传统方法无法解决的复杂问题。

(2)解决方案

对动辄需要处理数百万样本、数千个属性和具有复杂域的数据集，很长时间才能得到结果，甚至因时间太长而得不到结果或者无法执行数据分析方案的数据挖掘或机器学习任务。在早期仅使用CPU来进行模型训练基本上是不可能实现的，虽然如今GPU、TPU（Tensor Processing Unit）得到广泛使用，通过增强计算能力缓解了此问题，但并不意味着就可以毫无顾忌地进行模型训练。通常的解决方案是对数据集进行归约，即使用保持原始数据集大部分完整性的小数据集来进行数据挖掘分析和机器学习任务。

维度诅咒是数据挖掘领域中影响绝大部分数据挖掘算法的因素，随着维数的增加，算法的计算复杂度呈灾难性增长。高维度的数据不仅增加了搜索空间的大小，还增加了获得无效模型的可能性。研究人员指出，在数据挖掘中高质量的模型需要的训练样本数量与维数之间存在线性关系，而在非参数学习算法（如决策树）中，随着维数的增加，样本的数量需要随维数以指数关系增长，才能实现对多元密度进行有效估计。另外，过大的维数还可能无法提供有意义的学习，造成模型过拟合或者得到错误的结果。

目前，已经有许多数据归约技术，包括 PCA(62)、因子分析、LLE、ISOMAP 及其扩展，它们可以消除不相关或冗余的特征，从而加快数据挖掘算法的处理速度并提高执行性能。PCA（主成分分析）是最经典的数据降维算法之一，它的基本思想是将 N 维特征映射到 K 维利用原始 N 维特征重新构造出来的特征上，这 K 维全新的正交向量也被称为主成分。PCA 从原始的空间中顺序地找出一组正交向量作为坐标轴，而新的坐标轴的选取与数据本身密切相关。第一个新坐标轴是原始数据中方差最大的方向，第二个新坐标轴是与第一个新坐标轴正交的平面中使得方差最大的，第三个新坐标轴是与第一个和第二个新坐标轴正交的平面中使得方差最大的，依此类推，可以得到 N 个这样的坐标轴。但是，实际上大部分的方差都包含在最前面的 K 个坐标轴中，因此可以忽略后面的坐标轴，而只选取前面的 K 个坐标轴。通常选取的是仅保留包含原始数据集方差的 95%或以上的前几个主要坐标轴。当自变量过多且显示高度相关时，PCA 尤其有用。

PCA 的最终结果是代表原始数据集的一组新属性，仅使用这些新坐标轴的前几个，是因为它们包含原始数据中表示的大多数信息。PCA 可以应用于任何类型的数据。

由于 PCA 的每个主成分都是原始变量的线性组合，因此通常对结果不具有好的解释性。笔者通过对基本的主成分的回归系数施加套索（弹性网）约束，提出了稀疏主成分分析（SPCA），以使用具有稀疏载荷的主成分来显著改善结果。

随机森林是另一种广泛采用的数据降维算法，它可以自动计算各个特征的重要性，然后根据重要性选择较小的特征子集。由于随机森林中引入了随机性,使得它的结果具有极高的准确率,不容易发生过拟合现象,并且具有很好的抗噪声能力。然而当随机森林中的决策树个数很多时,训练过程中需要很大的空间和时间开销,且随机森林的解释性较差。

降低数据特征的维数可以显著减少假设空间的规模,从而提高算法的运行效率和结果的可解释性。许多特征选择算法已得到了广泛的应用,常用的特征选择算法分为两大类:包装器方法和过滤器方法。包装器方法采用类似于交叉验证的方式,与后续数据分析算法一起迭代,通过多次运行数据分析算法去识别和移除无用特征。过滤器算法则在运行数据分析算法之前通过某些规则将无用的特征过滤掉,此类算法通常需要使用所有的训练数据,然后从中选取特征子集。

此外,数据离散化也可以视为一种数据归约方法,它可以有效减少数据的值域范围,从而提高算法的运行效率。排名前十的数据挖掘算法中 C4.5、Apriori 和贝叶斯算法需要使用外部离散化数据。即便算法能够处理连续数据,算法的学习效率也会越来越低。离散化后的数据相比于未经离散化的数据,数量"范围"更小,数据量也得到减少,使得学习更快,结果也更准确、更紧凑,并且离散化还可以减少数据中可能存在的噪声。此外,离散化的数据对人类更友好,利于理解、使用和解释。

不过,任何的数据离散化过程必然伴随着信息的丢失,各种离散化技术的目标是使得丢失的信息最小化。经过几十年的研究,目前已经有很多离散化技术被提出和应用,典型的方法包括 EqualWidth、EqualFrequence、MDLP、ID3、ChiMerge、1R、D2 和 Chi2。此外,还有很多基于统计卡方检验、似然估计、模糊集等的启发式离散技术。

第9章　人工智能技术

当今世界正处于人工智能的时代，这个时代的到来是人类不断发展的结果。人类的发展史即人类从古至今创造、制造并使用工具的一个过程，不同阶段使用的工具也反映着人类生活发展的水平。回顾过往的几十年，随着经济的飞速发展和计算机科学水平的提高，无论是在日常生活还是工作现场，智能机器人都是人工智能时代不可缺少的一部分。

9.1　人工智能概述

人工智能即 AI(artificial intelligence)，主要是指人类通过机器的学习来研究、模拟、延伸和扩展人的智能。谈到人工智能这门学科，就不得不提到人类智能。通常来说“人工智能”与“人类智能”相辅相成，可以说人类智能是人工智能的雏形，也可以说人工智能起源于人类智能，是人类智能的一种人工实现。更详细地来说，人工智能是“机器根据人类提供的初始信息生成和调度知识，然后在目标的指导下从初始信息和知识生成问题解决策略，并将智能策略转化为解决问题的智能行为的能力”。

9.1.1　智能的种类

1.生物智能

生物智能顾名思义是生命体的智能，而对于低级动物来说，它的智能体现在因某种需求而做出的某些行为，如躲避天敌、觅食、领地的占领、求偶、生育以及照顾后代，等等。简而言之，低级动物的生存与繁衍便是一种生物智能。所以，单从某一单独的个体来看，生物智能是生物体为实现自身的某种需求从而产生正确行为的生理反应机制。在自然界的生物体中，智能水平最高的就是人类，其除了具有极强的创造力，还具备对外界复杂环境的感知、对各类物体的识别、对需求的表达以及对知识的认识和获取等一系列的复杂的思维逻辑和判断能力。

2.人类智能

有研究人员研究分析，人类智慧包含人类智能，即人类智能是人类智慧的子集。“智能”与“智慧”两词虽有一字之差，但却有着非常紧密的关系，同时也有着明显的不同。通常来讲，“智能”的“能”多指人具有的一种能力，“能者多劳”便是很好的体现；而“智慧”的“慧”更多指人的认知和思维逻辑。

虽然地球上的各类生物都具有不同的智慧，但较人类智慧还是无法相提并论的，我们可以将人类智慧看作一种独特的能力，而这种能力最大的体现便在于人类对于世界的改造、对于生产生活水平发展的改善，人类智能就是人类首先凭借自身所学知识不断地发现问题—提出问题—解决问题的一个过程。具体地讲就是，人类首先需要凭借经验知识不断地发现问题，而这个问题是可能解决的问题，预先设定求解问题的目标，即认识世界；其次将预设求解问题这一目标领域内的知识作为初始信息，在初始信息的帮助下制定出解决问题的策略及行动，以此来达到问题求解的目的，即改造世界；如果问题求解的结果与目标值有一定的误差，则将误差值传送到输入处（初始信息），这个过程称为反馈，以此来学习和认识新的知识，对问题的求解方法进行优化，并改善其结果。从反馈到重新学习再到优化这一过程可能会重复很多次，直到达到预设目标，若总是不能达到目标值，则需要修改预设的目标，重新进行问题求解，这一过程也称为在改造客观世界过程中改进自身。

以目前的人工智能水平来看，人类智能和人工智能的差异巨大。人类智能以大脑为核心，大脑的运行依赖于复杂的生命系统，有诸多的生理限制，而人工智能则以代码为基础，代码的运行依赖于现在的计算机技术，从而能够突破诸多生理的限制；人工智能可以做到极致，比如在毫秒之间完成复杂的数学计算，但是人类智能无法做到；人工智能没有情感、意识以及同理心，而人类智能能够有丰富多样的心理结构和情绪，以及自我约束的价值观。

9.1.2　人工智能的研究目标

对于人工智能学科具体的研究目标，目前为止还没有一个统一的解释，但是从研究的内容出发考虑，爱德华・费根鲍姆（Edward Albert Feigenbaum）提出了人工智能的九个方面的目标。

1.理解人类的认识

这个目标研究的是人类如何思考,而不是机器如何工作,因此,应该努力深入了解人们的记忆、解决问题的能力、学习能力和一般决策过程。

2.有效的自动化

这个目标是用机器代替人来完成各种需要智能的任务,其结果是建立了与人一样出色的程序。

3.有效的智能拓展

这一目标是建立思维补偿机制,将有助于人们的思维更高效、更快、更深入、更清晰。

4.超人的智能

此目标是建立超越人类能力的程序。如果超越这一知识门槛,就可能导致进一步增殖,如制造业的创新、理论的突破、超人的教师和非凡的研究人员。

5.通用问题求解

对这一目标的研究可以使该程序解决或是至少尝试一系列超出其范围的问题,其中也涵盖了之前从未认识的领域。

6.连贯性交谈

这一目标与图灵测试相类似,是为了做到能够与人进行流畅的交谈,且在交谈中使用整齐的句式,而这整齐的句式是作为一种人类语言来进行交流的。

7.自治

这个目标是研究一个能够在现实世界中主动完成任务的系统。它与以下情况形成对比:仅在一个抽象空间中规划,在一个模拟世界中执行,并建议人们做某种事情。这个目标的思想是现实总是比人们的模型复杂很多,所以它也成为智能测试中判断其程序的唯一公平手段。

8.学习

此目标是建立一个可以选择收集某方面数据以及怎样收集数据的程序,然后对收集来的数据进行整理。学习就是总结经验,得到有用的思想、方法和启发性的知识,并以类似的方式进行推理。

9.存储信息

这个目标是存储大量的知识。该系统应具有类似于百科全书词典的知识库,并包含广泛的知识。

为了实现这些目标,必须在开展智能机理研究的同时进行智能技术的研究。对于图灵所预想的智能机器,虽然没有提到思维过程,但这种智能机器的真正实现也离不开对智能机理的研究。因此,对人类智能的基本机理进行研究,利用智能机器模拟、扩展并延伸人类智能,才能够被称为人工智能研究的根本目标,或者说是长期目标。

人工智能研究的长期目标是制造智能机器。详细来说,就是使计算机智能设备具有视、听、说、动等感知和交互能力,还具有联想、推理、理解和学习的高级思维能力,以及分析、解决和发现问题的能力。换言之,使计算机具有自动发现和使用规律的能力,或自动获取和使用知识的能力,从而扩展人类的智能。

人工智能的长期目标涵盖了脑科学、认知科学、计算机科学、系统科学、控制论和微电子等多个学科,并依赖于这些学科的共同发展。然而,从这些学科的发展情况来看,实现人工智能的长远目标还需要很长的时间。

人工智能研究的短期目标是实现机器智能。研究如何将现在的计算机更加智能化,就是在一定程度上实现机器智能化,使计算机更加灵活、更加便捷和更加有价值,成为人类的智能信息的处理工具。由此一来,它可以使用知识来解决问题,并模拟人类的智能行为,如推理、思考、分析、决策、预测、理解、规划、设计和学习。想要达到这样的效果,人们需要根据现有计算机的特点,研究实现智能化的相关理论、方法和技术,并创建相关的智能系统。

事实上,无论是短期目标还是长期目标都是相辅相成、相互依存的,其长期目标为短期目标指明了方向,而短期目标又为长期目标奠定了坚实的理论基础。此外,短期与长期目标之间并没有明显严格的界定,短期目标会根据人工智能发展的情况变化而变化,最终实现长期目标。

无论是人工智能研究的短期目标还是长期目标,摆在人类面前的任务都是极其艰巨的,还有很长的路要走。在人工智能的基础理论和物理实现方面还有许多问题需要解决。当然,如果只依靠人工智能科学家是远远不够的,还应该聚集心理学家、逻辑学家、数学家、哲学家、生物学家和计算机科学家等，依靠各领域科学家的共同努力，实现人类梦想的“第二次知识革命”。

9.2 人工智能的研究内容

9.2.1 人工智能的应用领域

大部分的学科都有几个不同的研究领域，每个领域都有各自专有的研究主题、技术和术语。其中，人工智能领域就包含了机器学习、自然语言处理、自动定理证明、自动编程、智能检索、智能调度、机器人学、专家系统、智能控制、模式识别、视觉系统、神经网络、Agent、计算智能、问题解决、人工生命、人工智能方法和编程语言等内容。五十多年来，人类已经创建了一些具有智能的计算机系统，如解微分方程、下棋、设计和分析集成电路、合成人类自然语言、智能检索、诊断疾病、控制航天器等，以及地面移动机器人和水下机器人等。

1.机器学习

机器学习是一门涉及概率论、统计学、近似理论、凸分析及算法复杂性理论等多学科交叉的学科。作为人工智能的核心，它关注的是计算机如何模拟乃至实现人类的学习行为，从而获得新的认知和技能，重组现有的知识结构并不断提高其性能以及有效提高学习效率。同时，它也是实现计算机智能化的根本途径。

机器学习有下面几种定义。

①机器学习是一门人工智能的科学，该领域的主要研究对象是人工智能，特别是如何在经验学习中改善具体算法的性能。

②机器学习是对能通过经验自动改进的计算机算法的研究。

③机器学习是用数据或以往的经验优化计算机程序的性能标准。

所谓机器学习，就是使计算机能够像人一样自动获取新知识，并在实践中不断自我完善和提高能力。机器学习是机器获得智能最根本的途径，更是人工智能学科研究的核心问题之一。当前，人们依据对已有知识的学习，发展了许多机器学习方法，如机械学习、类比学习、归纳学习、发现学习、遗传学习以及连接学习等。

机器学习的整个过程大致可分为四部分，分别是数据的获取与处理、模型的训练、模型的验证以及模型的使用。其中,数据的获取与处理关系到机器学习算法性能是否能够提高;模型训练是整个机器学习的核心步骤,影响着整个算法的效果;模型验证通过测试集来评估模型的性能,其性能指标包括错误率、精准率、召回率、F1 指标、ROC(receiver operating characteristic curve)等;最后使用训练好的模型对新的数据进行输出预测。

同时,机器学习还可以根据不同的分类标准进行分类。例如,按算法函数的不同,机器学习可分为线性模型和非线性模型;根据学习准则的不同分类,机器学习可分为统计方法和非统计方法。通常来说,一般会根据训练数据集的信息和反馈方式的不同,将其分为有监督学习、无监督学习以及弱监督学习。

机器学习是现阶段解决许多人工智能问题的主流方法。作为一个独立的方向,它正在高速发展。最早的机器学习算法可以追溯到 20 世纪初期,到目前为止,已经有 100 多年的历史了。机器学习自 20 世纪 80 年代被称为独立方向以来已经有 41 年了。总之,在过去的 100 年里,经过一代又一代科学家的不懈努力,诞生了大量的经典方法。笔者总结了机器学习在过去 100 年中的发展历史,完成了寻找机器学习根源的旅程。

2.问题求解与博弈

博弈论可以被认为是两个或多个理性的代理人或玩家之间相互作用的模型。其中,理性是博弈论的基础,因此应该着重注意理性这个关键词。但理性究竟意味着什么呢?

通常,理性可以被看作一种理解,即每个行为人都知道所有其他行为人都和其一样理性,有着一样的理解和知识水平。并且,理性考虑了其他行为人的行为,行为人总是倾向于更高的报酬和回报,换句话说,每一个行为人都是有私心的,都尝试将自己的利益最大化。

纳什均衡可以看作博弈论实现人工智能的一条基本途径。这是每个参与者选择的一种适应其自身的行为,它不能使任何参与者改变这种行为,因为改变会使它不是最佳选择。换句话说,考虑到其他参与者是理性的,并且会选择他们的最优策略,纳什均衡就是参与者的最佳选择。在参与者的可选行为集下,游戏玩家不可以通过改善优化策略来增加其收益，所以纳什均衡的选择可以被认为是无悔的。

3.模式识别

模式识别是通过计算方法，根据样本的特征将样本划分为若干类别。模式识别是利用数学技术通过计算机来研究模式的自动处理和解释，把环境和对象统称为“模式”。随着计算机科学技术的发展，人类研究复杂的信息处理过程将成为可能。这一过程的一个重要形式是生命体对环境和对象的认知。模式识别主要的研究方向有图像处理和计算机视觉、语音和语言信息处理、脑网络群及类脑智能等。

一个模式识别系统的工作流程包含数据采集、预处理、特征提取、分类器设计和分类决策第五部分。

(1)数据采集

对模式识别的研究实际上就是对计算机的识别，所以对于目标事物，必须收集其各种信息数据，并将其转换为计算机可以接收并处理的数据。对于各类型的物理量，可在传感器的作用下先将物理量转换为电信号，然后信号转换模块再将信号的形式和范围进行转换，最后通过 A/D 采样转换成相应的数据值。

(2)预处理

通过第一步数据采集所获得的数据量是计算机还未识别的原始信息，可能有极多的干扰和无用数据。因此，为了减少干扰，增强有用信息，需要在预处理部分采用多种滤波和降噪措施。识别目标特征生成的方法思想与待解决的模式识别问题和所使用的模式识别方法有着紧密的联系。例如，对于图像数据来说，当识别场景类型时，其颜色和纹理的特征非常有用；当对人脸进行识别时，人脸轮廓和关键点特征是非常重要的。

通过预处理生成的特征依旧可以用数值表示，除此之外，还能用拓扑关系、逻辑结构等形式表示，各种不同的表示形式分别用于不同的模式识别方法。

(3)特征提取

一般情况下，通过数据采集和预处理后，计算机得到的模式特征数量非常大。因此，为了避免因数据量庞大的分类器设计和分类器决策的效率造成反面影响，降低模式识别过程中的计算难度，提高分类的精度，需要从大量的特征数据中选择最有效、最有限的特征。

特征选择和特征提取是特征选取的两个主要方法。特征选择是从现有特征中选择一些特征并放弃其他特征。特征提取是对原始高维特征进行映射和变换，生成一组低维特征。尽管这两种方法有所区别，但其目的都是减少特征的维数，提高所选特征的有效性。

(4)分类器设计

分类器设计的过程等同于分类器学习的过程。分类器设计由计算机根据样本情况自动进行，可分为有监督学习和无监督学习。

有监督学习是指用于分类器学习的样本已经分类并具有类别标签。分类器知道这些样本属于哪些类，因此，它可以了解属于某一类的样本有哪些共同特征，以此来建立分类决策规则。

无监督学习意味着用于分类器学习的样本集没有得到很好的分类。分类器根据样本之间的相似性将样本划分为不同的类别，并在此基础上建立分类决策规则。

(5)分类决策

分类决策是根据建立的分类决策规则对待分类样本进行分类，并对分类结果进行评价。

5.深度学习

深度学习(deep learning)是为了更好地实现人工智能这个目标，逐渐成为机器学习领域的一个新的研究方向。机器学习是实现人工智能的唯一途径，深度学习是学习样本数据的内在规律和表征水平。在学习过程中，深度学习获得的信息对解释文本、图像和声音等数据非常有帮助，其目的就是使机器具有像人类一样的分析和学习能力，使其可以识别图像、文字、声音或其他数据。深度学习是一种复杂的机器学习算法，与以往的相关技术相比，它在语音和图像识别方面的成果更加突出。

深度学习的概念定义来自人工神经网络的研究，并且研究深度学习的动机就在于建立一个模拟人类大脑进行分析学习的神经网络。深度学习的结构就包括了人工神经网络中的多层隐藏层感知器。深度学习组合底层特征，以此来形成更抽象的高层表示属性类别和特征，从而找出数据的分布式特征表示。

深度学习在搜索技术、数据挖掘、机器学习、机器翻译、自然语言处理、多媒体学习、语音、推荐和个性化技术等相关领域都有着非常不错的表现,解决了许多复杂的模式识别问题,并在人工智能相关领域取得了巨大进展。

深度学习是一类模式分析方法的总称。就具体研究内容而言,主要涉及三种方法。

①基于卷积运算的神经网络系统,即卷积神经网络(convolution neural networks,CNN)。

②基于多层神经元的自编码神经网络近年来受到广泛关注,其中包括两类编码,一是自编码(autoencoder),二是稀疏编码(sparsecoding)。

③对多层自编码神经网络进行预训练,然后结合识别信息进一步优化神经网络权值的深度置信网络(deep belief networks,DBN)。

深度学习与传统浅层学习的不同之处如下。

①深度学习重点强调了模型结构的深度,一般有 5 层或 6 层,甚至 10 层的隐藏层节点。

②阐明了特征学习的重要性。换言之,通过逐层特征变换,将样本在原始空间中的特征表示转换为新的特征空间,以便于分类或预测。相较于人工规则构造特征的方法,通过大数据学习特征可以更好地描述数据内部的丰富信息。

通过设计和建立适当数量的神经元计算节点和多层操作层次,应用适当的输入层和输出层,利用网络学习和调优建立从输入到输出的数学关系。虽然不能百分之百地确定输入层和输出层之间的数学关系,但它可以尽可能接近真实的相关关系。采用已经训练成功的网络模型便能够实现复杂问题的自动化需求。

6.自然语言理解

自然语言理解是一种使用自然语言与计算机进行通信的技术。计算机在处理自然语言时最重要的就是让计算机“理解”自然语言,因此自然语言理解也可以被叫作自然语言处理,也被称为计算语言学。一方面,它是语言信息处理的一个分支;另一方面,它也是人工智能领域的核心课题。

自然语言理解作为人工智能的一个分支学科，通常被称为人机对话。其研究了人类语言交流过程的计算机模拟，使计算机能够理解和使用人类的自然语言，如中文和英文，实现人与机器之间的语言交流，从而取代人类的部分脑力劳动，包括查询数据、回答问题、提取文献、编辑数据和处理所有自然语言信息。这在当前新技术革命浪潮中占有非常重要的地位。开发第五代计算机的主要目标之一是使计算机具有理解和使用自然语言的功能。

7.智能决策支持系统

智能决策支持系统（intelligence decision support system，IDSS）是以计算机技术、仿真技术和信息技术为手段，针对半结构化的决策问题，支持决策活动的具有智能作用的人机系统。智能决策支持系统是人工智能（AI）与决策支持系统（decision-making support system，DSS）的结合，应用专家系统（expert system，ES），使决策支持系统可以更完整地应用人类的知识，如一些决策问题的描述性知识，或是决策过程中的过程性知识以及求解问题的推理性知识，通过逻辑推理来帮助解决复杂的决策问题的辅助决策系统。

较为完整和典型的决策支持系统结构是在传统的三库决策支持系统的基础上增加知识库和推理机，在人机对话子系统中增加自然语言理解系统和插入问题处理系统组成的四库体系结构。

8.自动定理证明

自动定理证明是指人类将定理证明变成能在计算机上自动实现符号演算的过程。作为对于解决逻辑推理问题的关键之一，其在人工智能方法的发展中起着重要的作用。许多非数学任务，如医学诊断、信息检索、计划和问题解决，都可以转化为定理证明问题。

自动定理证明的方法有四类。

①自然演绎法——依据推理规则，从前提和公理中可以推出许多定理，如果待证的定理恰在其中，则定理得证。它又分正向推理（从前提到结论）、逆向推理（从结论找前提）和双向推理等方法。

②判定法——对一类问题找出统一的计算机上可实现的算法解。

③定理证明器——研究一切可判定问题的证明方法。

④计算机辅助证明——以计算机为辅助工具,利用计算机的高速度和大容量,帮助人完成人工证明中难以完成的大量计算、推理和穷举。在证明过程中,计算机获得的大量中间结果可以帮助人们形成新的思想,调整原有的判断和证明过程,从而一步一步地向前推进,直到定理被证明。

9.3 智能机器人感知技术

9.3.1 智能机器人简介

1.智能机器人的定义

为什么我们要将一部分机器人称为智能机器人?是由于这部分机器人具有和人类相似的逻辑思维,也就是智能机器人的“大脑”。在智能机器人的“大脑”中能够支撑机器人去做任何事情的是中央处理器,其运行情况与操作人员直接相关。最重要的一条是,这种情况下的计算机能够根据操作目的进行操作。虽然各种类别的机器人外表可能会有所不同,但是这种具有“大脑”的机器人才是真正的在人工智能背景下研究的机器人。

从广义来看,智能机器人留给人们印象最深的就是它是一个能够实现自主控制的“物体”。事实上,智能机器人的“器官”——传感器并不像人类各器官一样敏感、微妙和复杂。

智能机器人的内部配备着大大小小、各式各样的内部传感器和外部传感器,如针对视觉的相机、针对听觉的语音信号传感器、针对触觉的力觉传感器以及与嗅觉有关的嗅觉传感器等各类传感器。在配备感受器的同时,效应器也是必不可少的,这都是用来感受周围环境的一种方式。

机器人学中主张的生命和非生命目的行为在许多方向上是相同的。正如某个智能机器人研究人员说的,机器人是整个智能系统的工作能力的体现。之前这种系统只有在细胞的生长中才能获得,但现在人类可以自己研究得到它。

完全智能化的机器人可以做到与人类进行简单的正常交流,并且使用人类的语言,同时在它自己的“思维”中形成外部环境的详细模型。智能机器人能根据其周围的实时环境状况进行分析，通过识别判断和思维逻辑对后续动作进行调整来满足人类的要求，在所获取的数据信息不足的情况下制订、规划期望行动并完成。尽管有人尝试去研发一种能够使计算机理解的“微观世界”，然而事实上，如果想要使机器人像人类一样无差别地进行思维逻辑变换是不可能做到的。

综上所述，感知、反应和思维三个要素应该被作为智能机器人的基本要素来进行研究。

根据以上对于智能机器人的定义，可以将智能机器人概括为三个主要部分：控制系统、感知系统（传感器）和机械系统。

（1）控制系统

控制系统可以看作机器人的“大脑”，它是通过对机器人输入操作指令，并且根据机器人身上的传感器所反馈的信号来控制机器人去完成一定的动作和任务。若机器人没有信息反馈特性，则为开环控制系统；若机器人控制中心存在反馈特性，则为闭环控制系统，此时可以将控制方式分为程序控制系统、适应性控制系统和人工智能控制系统。从控制运动的形式来看，可分为点位控制和连续轨迹控制。

其中，工业机器人控制系统主要由上位机、运动控制器、驱动器、电动机、执行机构和反馈装置构成。

按照对机器人运动的控制方式不同，可以将其分为三类控制方式：位置控制、速度控制和力（力矩）控制。

①位置控制方式：对于工业机器人的位置控制方式来说，又可以将其分为点位控制和连续轨迹控制两种方式。在机器人的运动轨迹上，点位控制并没有严格的控制要求，只需要将起始点与目标点精确定位即可；连续轨迹控制就需要对起始点与目标点之间的位置以及运动时的速度进行控制。

②速度控制方式：在对工业机器人进行位置控制的同时，还需要对其进行速度控制。通常情况下，在连续轨迹控制方式下的工业机器人根据预先设定好的指令进行工作时，由于工作任务的需要，有必要对机器人执行机构进行加减速控制，因此机器人的工作过程需要遵循一定的速度变化曲线。

③力(力矩)控制方式。机器人在对目标物体进行抓取放置时,其末端操作臂会与环境或目标物体有表面接触,在满足其能够精准定位做抓取放置动作的同时,还需要有适当的力或力矩来保证对物体的保护。此时就需要利用力矩控制的方式,这也是对机器人位置控制的一种补充,其控制原理与位置控制的原理差别不大,不同点就在于力矩控制的输入量和反馈量是力信号,而位置控制是位置信号。因此,传感器便成为机器人获取信号的关键部分。

在人工智能控制技术快速发展的情况下,由传感器获取周围环境情况,通过人类对添加的知识库再做出对应的决策,这样一来就使得机器人有了强大的学习能力和推理能力。近年来,在人工神经网络、基因算法、遗传算法及专家系统等技术的基础上,智能机器人也步入高速发展阶段。

(2)感知系统

机器人要获取外部环境的信息并进行反馈,其内部必须配备多个感知器,这些感知器就是机器人的"眼睛""鼻子""耳朵"等器官。所有的传感器通过对应的控制器组成机器人的感知系统,并与中央处理器进行连接。传感器收集到外部环境的各种信息后,就将信息传入中央处理器进行分析。感知装置中传感器的任务是获取环境中的特定信息,而对应的控制器则是对特定信息进行数模转换后将其传输至中央处理器。目前为止,机器人身上最常用到的传感器装置有相机、麦克风、温湿度、压力及光敏等多种传感器,都可以用来对机器人周围的环境进行感知,进而使机器人做出反馈。将在下章内容中仔细介绍传感器装置。

(3)机械系统

机械系统是用来完成机器人的各种动作的系统,其可分为执行机构与驱动机构。

①执行机构:执行机构可以由多个执行器来实现机器人对所需完成任务的执行工作。机器人的执行器通过对应的控制器与中央处理器进行连接,当中央处理器发出相应的指令时,与其连接的控制器会对其进行解释、控制、协调,来使执行机构进行工作。机器人的执行机构犹如人类的手和脚,目前最常见的执行机构有机械臂、机械脚以及救援类机器

人的自动喷水器等设备。

②驱动机构:驱动机构即驱动机械系统的驱动设备。从驱动源的不同来看,驱动机构可以分为电动、液压和气动三种,有时也会根据具体需求将它们组合来使用。驱动机构能够与机械系统直接进行连接,还能够通过同步带、链条、齿轮及谐波传动装置间接地与机械系统进行连接。机器人中使用最多的驱动机构是通过减速机的伺服电机驱动。

2.智能机器人的分类

(1)按功能分类

①传感型机器人:传感型机器人也被称为外部受控机器人,此类型机器人只配备了执行机构与感知机构,并没有设计智能单元。它工作时主要是对视觉、听觉、触觉、力觉、超声、红外以及激光等传感器获取的信息进行数据处理,进而实现控制和工作的能力。在外部独立于机器人的计算机具有智能处理单元,它的作用是用于处理由机器人内部传感器所获取的各类数据信息及其自身所处的位置、姿态、速度等信息。对数据进行处理后由计算机发出指令控制机器人运动。

②自主型机器人:自主型机器人是一种设计开发完成后,在不需要人的操作下就可以实现自主工作的机器人。它主要包括感知、处理、决策及执行等模块,能够像人一样独立地分析判断并解决问题。

对于全自主移动型机器人来说,自主性和适应性是其最突出的两个特征。自主性代表着它可以在特定的环境中完全独立地执行特定的任务,而不依靠于一切外部控制。

适应性意味着它能够随时识别和监测周边的环境,及时地调整控制参数,修改行为规划,并根据环境的变化应对突发事件。其实,自主型机器人还有一个非常重要的特点是机器人的交互性,在下文中将对交互型机器人进行简要介绍。

从20世纪60年代初开始,智能机器人的研究经过了数十年的历程。到现在为止,第二代机器人,即基于感知控制的智能机器人已经被广泛应用于生产生活之中;目前,第三代机器人,即基于认知控制的智能机器人,也可以称为全自主机器人已经取得突破性的进展。

③交互型机器人:交互型机器人的特点是其能够通过内部的智能系

统与人和外部环境或是其他机器人进行信息交流，达到控制机器人的目的。交互型机器人涉及传感器数据融合、图像处理、模式识别及神经网络等诸多方向的技术。尽管通过应用各种技术使其具备了处理和决策的功能，可以自主地实现轨迹规划、目标检索以及避障等功能，但一些复杂的任务仍然需要外部计算机的控制。所以说交互型机器人是全世界人工智能领域的一大难点，它的研发能够综合地反映出一个国家的制造水平和人工智能程度。

(2)按智能程度分类

①工业机器人：工业机器人能根据人类设定好的程序进行工作，无论周围环境条件发生怎样的改变，它都不能根据环境的变化而做出调整。如果需要让机器人在工作的过程中根据其所处环境做出改变，则必须让人来对其程序进行调整，因此可以说工业机器人是没有智能的。

②初级智能机器人：初级智能机器人较最低级的工业机器人来说在智能化上有一定的改变。初级智能机器人有着和人类类似的感知、识别、推理和决策等能力，其程序可以根据周围环境的变化在规定范畴内进行调整，即能够适应周围环境的改变进行调整。然而，其能够自主调整程序这一功能也是预设好的，因此可以将类似的拥有这种能力的机器人称为初级智能机器人。

③高级智能机器人：高级智能机器人除具有与初级智能机器人一样的感知、识别、推理和决策能力外，也可以自主修改程序。然而，与初级智能机器人不同的是，前者是通过人来预先设定好，而高级智能机器人则是通过一段时间的学习来获得修改程序的原理，进而在没有人为其预先设定的情况下自主修改程序。因此，较初级智能机器人来说，它拥有更强的规划和决策能力，能够完全自主地完成某项工作，现阶段此类机器人的应用也逐渐广泛起来。

(3)当今智能机器人的主要类型

①工业生产型机器人：目前，用机器人来代替人工的趋势逐渐在扩大，在一些生产加工企业，工业机器人逐渐成为车间里的“工人”。工业机器人由机械结构(其自身)、控制系统、伺服驱动系统和诸多传感器装置构成。工业机器人也被叫作机电一体自动化生产设备，如汽车制造流

水线上的工业机器人,其能够模仿人并在三维空间进行各种操作,还能自动控制、可重复编程,尤其适用于多类别、大批次的柔性生产。在生产产品上,其稳定性使其能够很好地改善产品质量并提高生产率,在优化产品的同时又对产品的更新有着重要影响。因此,工业机器人并不能从简单意义上看作是人工劳动,它是一种结合了人和机器各自优点的仿人自动化机械设备,不仅具有人们对外部环境的反应力和判断力,还能长期连续地工作,具有较高的精度和应对糟糕条件的能力。从某种意义上说,其不仅是工业和非工业领域不可替代的生产设备,更是先进制造技术行业必不可少的自动化设备。

②特殊灾害型机器人:特殊灾害型机器人的研究主要是用来应对核电站事故和NBC(核、生物和化学)等危险品的恐怖袭击。此类机器人通常都装配轮胎,能够在各种复杂的路面上移动,在事故现场能够代替人工去测量现场的辐射、细菌、化学物质及有毒气体等情况,并将所测得的数据传输回指挥中心。工作人员在对数据进行分析后做出合适的解决方案,进而安全有效地处理危险事故。

美国iRobot公司研发的PackBot系列机器人能够在崎岖不平的地形环境下行走,还能在楼梯上进行爬行,其主要是用来执行一些不便于人类做的侦察、勘测危险品泄漏以及废墟中寻找幸存人员等任务。

③医疗机器人:医疗机器人即在医院或康复机构用来医疗恢复或辅助康复的机器人,属于一种智能化的服务型机器人。此类机器人能够自行规划操作,即根据实际情况来决定后续执行的程序,最后将动作转换为结构的运动。

例如,外形和普通胶囊没有差别的“胶囊内镜机器人”,其采用了遥控胶囊内窥镜系统。在这个智能控制系统中,医务人员可以利用胶囊软件来控制胶囊机器人在人体内运动,可以查看到病人胃部的照片,然后图像数据通过无线网络传输回计算机,以此来观察胃黏膜并做出诊断。相较于普通的胃镜,胶囊机器人的诊断更加准确而且减少了病人的痛苦,一次性的特点也避免了交叉感染的风险。因此,这类机器人提高了消化道检查的效率,降低了消化道疾病的晚期发病率,不仅对医疗行业有着重要影响,对人们的健康也有着重要意义。

达·芬奇手术机器人(达芬奇高清晰三维成像机器人手术系统)共有三大组成部分:A.根据人体工程学设计的医生操作系统。B.拥有3个器械臂和1个镜头臂组成的4臂床旁机械臂系统。C.高清晰三维视频成像系统。

达·芬奇手术机器人作为当前世界上最先进的手术机器人,其在微创外科手术上的应用非常广泛。例如,在普外科、心血管外科、胸外科及小儿外科等方面的微创手术,都能够通过它来完成。同时,它也是全世界仅有的获得FDA(美国食品药品监督管理局)批准应用于外科临床治疗的智能内镜微创手术系统。

④智能人形机器人:智能人形机器人也可以被称作仿人机器人,同时它还是一种智能机器人。人形机器人的机械结构极其复杂,其每个"关节"处可配置多达17个服务器,自由度也能达到17个,动作非常灵活,能够完成手臂后摆90°等高难度动作。

由于其设计有先进的控制系统,因此可以通过编程设计来使其完成各种动作,如跳舞、行走及翻跟头等。人工智能技术下的人形机器人也为各个领域的发展带来了机遇和挑战。在世界范围内的发展和应用不仅在规模上体现出逐渐扩大的趋势,在创新的应用上也呈现出增长的势头。

3.智能机器人的发展历程

在人工智能与互联网、网络设备和大数据紧密结合的背景下,云平台依托强大的计算能力,智能机器人也开始逐渐具备更深的感知能力与决策技能,将会越来越灵活、越来越熟练,更具有普遍性,同时,其在复杂环境中的适应性和自主性也将得到提高,能够应对各种多样化的场景。实际上,智能机器人的应用范围也在不断扩大,从制造业到科研探索、从水面到海洋、从天空到外太空、从极地到另一端以及核子和微波活动的研究都开始出现了智能机器人的身影。总而言之,智能机器人和人工智能之间的联系越来越紧密,且人工智能技术的特征也逐渐体现在了其环境适应能力和自主能力方面,而这些能力也突出了新一轮产业变革的特点,带动了第四次工业革命的发展,并将结合了感知、认知与行为能力的智能机器人看作第四次工业革命最突出的表现。

机器人的发展通常分为三个时代：1960—2000年的第一代（电气时代）机器人；2000—2015年的第二代（数字时代）机器人；2015年以后的第三代（智能时代）机器人。

第一代智能机器人表现为传统工业机械和无人机械的机电一体化，因此也可以称为工业机器人。第一代机器人采用简单的传感器设备，如工业机械手的联合编码器和AGV磁性标签，其智能化的水平非常低，它的研发主要集中在机械结构设计、电机驱动、运动控制和传感器等方面。这类机器人多为6自由度的多关节机械手、并联机器人、SCARA机器人以及电磁导轨ACC或AGV。此外，在非制造业领域第一代机器人的例子有线性追踪无人机，它能够通过程序设计来对目标进行追踪，也只能应用在室内或固定线路的条件下，因此在那个时代，代替人工来工作的机器人只占到了5%。

第二代智能机器人（Robot2.0）有着局部环境感知、自主推理和决策、自主规划的特征，尤其是体现在视觉、力/触觉、语音等方面的识别能力。与第一代机器人相比，它具有更高程度的环境适应和感知能力以及一定的自主能力。在结构设计方面，还需考虑其安全性、灵活性、易用性及低耗能等特性，特别是发展具有交互能力的仿生机械臂或其他结构。在制造业领域，瑞士ABBYuMi公司的双臂合作机器人、美国Reinsight Robot公司的Baxer和Sawyer机械手、丹麦Universal公司的UR10等都是第二代机器人的具体体现。在非制造领域，第二代机器人具体体现为无人驾驶汽车、达·芬奇手术机器人、波士顿动力公司的“大狗”“猎豹”“阿特拉斯”“手柄”以及本田公司研发的ASIMO人形机器人等智能机器人。

在第二代机器人发展阶段的生产生活中，以具有环境适应能力的第二代智能机器人来替换人的占比高达60%，甚至在一些大企业的生产车间可以达到100%的全自动化流水线生产。伴随着将深度学习作为基准的弱人工智能的快速进步，尤其是在拉近机器人的视觉和语音识别能力与人类之间差距的过程中，其应用范围和实用性都得到了巨大的提升。预测在几年之内，其对制造业的经济帮助可能要高出传统工业机器人数十倍。

第三代智能机器人最终想要实现的是逐渐具备认知能力的智能机器人。除了第二代的所有功能外,第三代智能机器人将拥有更高水平的环境感知、认知、人机交互以及自主学习的能力。软银公司发布的能与人进行语音交流、具有人脸跟踪和识别以及情感交互能力的消费类智能仿人机器人“Pepper”是第三代智能机器人的具体体现。此外,第一个获得沙特公民身份的机器人“索菲亚”也体现出了第三代机器人的认知、分析判断和决策以及情感互动等能力的特点,但它也饱受争议。

总而言之,由于深度学习的局限性和原有人工智能理论的停滞,尤其是在人工智能领域发展步伐持续加快,智能机器人占据了一部分泡沫领域的情况下,人工智能可能逐渐开始回到之前的主道路上。

9.3.2 智能感知系统

1.智能感知的概念

20世纪70年代,在全世界范围内首次兴起了人工智能的浪潮。自第一代人工智能神经网络算法建立以来,《数学原理》中的绝大多数的数学公式及原理都可以被其证明出来。80年代,第二次人工智能爆发时,Hopfield Network(霍普菲尔德网络)已经被建立,这也使得人工神经网络有了存储记忆的特点。到目前为止,人工智能的第三次浪潮正在兴起,人工智能早已不仅仅是一个缥缈的概念,而是一个能够在各个领域发挥巨大作用的实体技术。实际上,当人们还在畅想着人工智能时代的机器人时,其实它早已进入我们生活生产的各个领域,也正在影响着人们的生活,使得人们的生产生活更加智慧,更加舒适。

通过科学家数十年来积累的经验和研究,人工智能的发展方向主要分为运算智能、感知智能和认知智能。目前,这一观点已经得到各行各业的赞同。

(1)运算智能

运算智能是快速的计算能力以及强大的存储记忆能力。其实,在人工智能的各个子领域,其发展阶段以及发展水平并不同步。在运算智能的发展阶段,人工智能最大的优势就是运算和存储能力。20世纪末期,IBM的“深蓝”计算机击败了国际象棋冠军卡斯帕罗夫,自此,人类也就无法在与强大计算机的对战中取得胜利了。

(2)感知智能

感知智能指的是视觉、听觉、力/触觉等计算机具备的感知能力。生物体都可以通过自己的器官来感受外界的环境,通过大脑进行分析,进而与自然进行交互。例如,在无人驾驶汽车的行驶过程中就是通过激光和雷达等多种感知设备(传感器),以及处于汽车内部的计算机深度算法来实现汽车对外部环境状况的感知,以此来实现避障和行驶等动作。其实,与人类的感知相比,机器的感知更有优越性,因为机器的感知是主动的,而人类的感知是被动的,如激光雷达、红外雷达和微波雷达。无论是类似于“大狗”这样的机器人,还是无人驾驶汽车,都有采用深度神经网络(deep neural networks,DNN)和大数据的过程,因此机器人在感知外部环境方面才逐渐拉近与人类的差距。

(3)认知智能

认知可以理解为机器的理解和思考的能力。因为人类有语言,所以可以交流,也有想法和推理,因此,概念和意识都可以看成人类认知能力的体现。在人工智能领域中,认知智能可以说是智能科学的最高发展阶段,以人类的认知结构为基础,将模拟人类核心思维能力作为目标,把对于信息数据的理解、存储以及应用当作研究方向,以感知和自然语言信息的深度理解为突破口,以跨学科理论体系为指导,形成新一代理论、技术及应用系统的技术科学。现如今,人类也正在准备从感知智能走向更高水平的认知智能。

在日常生活中,像智能语音和人脸识别这类设备的技术主要集中于“感知智能”的水平上。怎样使机器来模拟人的大脑来获取、理解、推理和决策外部的信息,以及如何有效精确地感知外部环境的信息也是目前人工智能发展阶段正在解决的问题。

随着机器人技术的发展,任务的难度也越来越大。感知技术给机器人以感觉,提高了机器人的智力,也为其高精度、高智能的工作提供了依据。传感器是一种能够感知外界环境并根据特定的规律将其转换为输出信号的设备,是机器人的主要信息来源。从生物学的角度来看,可以将计算机看作处理和识别信息的“大脑”,把通信系统看作传递信息的“神经系统”,传感器就是“感觉器官”。

感觉是人类了解自然世界和掌握自然规律的实际方法之一。一个人有视觉、听觉、嗅觉和触觉等感觉可以将其看到、听到、嗅到和触摸到的外部信息传送到大脑进行处理,从而识别世界。配备智能传感器的机器可以通过各种智能传感器功能与自然进行交互。下面三个例子可以简单地理解感知智能的应用:

无人驾驶汽车——通过激光雷达和智能算法等人工智能技术来实现智能感知。

智能路灯——感知运动体的位置,以此来实现灯光的亮度。

"大狗"机器人——其内部的各类传感器能够使其姿态随外部环境的改变而改变,并且操作者还能对机器人进行定位和系统监测。

2.智能感知的构成

智能感知是一个监测并控制外部环境与条件的基础手段和系统。监测过程中的传感器和信号收集系统就是完成信息获取的机构。

通常来说,智能感知系统有传感器、中间变换设备以及显示记录存储装置。传感器负责将外部信息源收集过来,中间变换装置将其转化为计算机能够识别的信号并将其存储,最后在分析与处理部分,通过对收集的数据进行整合分析,进而做出相应的判断。

在智能感知技术中,其智能主要包括语言智能、数学逻辑智能、空间智能、身体运动智能、音乐智能、人际智能、自我认知智能和自然认知智能等。

(1)语言智能

语言智能即可以有效地通过使用简单语言和文字来表达思维并且去理解其他人的能力,还有灵活地理解句意和语法、思考和表达语言更深层次含义的能力,并将这些能力结合起来灵活使用。具有语言智能的机器人能够胜任的工作有节目主持、律师辩护、演说、写作、采访及授课等。

(2)数学逻辑智能

数学逻辑智能可以理解为能够高效地计算、测量、推理、归纳、分类,并执行数学运算的能力。这种智能的灵敏性体现在逻辑方法、关联、命题和函数等抽象问题上。具有数学逻辑智能的机器人适合的工作有科

研、会计、统计、工程及软件开发等。

(3)空间智能

具有空间智能的机器人能够准确感知外部的视觉空间和周围的各种环境,还可以将所感知的内容通过图像的形式表达出来。空间智能的特点是对颜色、线条、形状以及空间关系具有敏感性。这类机器人适合的工作有建筑设计、摄影及绘画等。

(4)身体运动智能

身体运动智能即通过机器人的整体来表达其感受和思维逻辑,以及灵活地使用双手来操作目标物体的能力。身体运动智能的特点体现在其身体技巧上,如稳定、协作、灵敏、力量和速度等能力。适合这类机器人的工作有运动员、演员及舞蹈家等。

(5)音乐智能

音乐智能即可以灵敏地感知曲调、旋律和音色的能力。其特点是对节奏、韵律和音色具有很高的敏感性,并具备很强的表演、创作和感知韵律的能力。这类机器人能够做的工作有唱歌、作曲、乐队指挥、乐曲评论和调音等。

(6)人际智能

人际智能即理解他人并与他人进行沟通的能力。其最突出的特点在于能够快速识别他人的情绪和感受,识别不同人与不同人之间的关联关系,并且还能够对这些复杂的关系做出相应的反应。这类机器人适合的工作有外交、企业管理、心理咨询、公关及推销等。

(7)自我认知智能

自我认知智能即能够实现自识和自知,并且可以根据其认知做出相应行为的一种智能。具有自我认知能力不仅可以认识到自身的优点和缺点,还能认知到其爱好、感情、性格等,以及拥有像人类一样自主思考的能力。能够应用到这类机器人的学科领域有哲学、政治及心理学等。

(8)自然认知智能

自然认知智能即观察自然界中的各种事物,对物体进行辨别和分类的能力。其特点是具有很强的好奇心和求知欲以及敏锐的观察能力,通过其认知智能来识别各种事物之间微小的不同。其能够应用的学科领域有天文学、生物学、地质学及考古学等。

9.3.3 智能感知的关键技术

1.无线传感网络感知技术

无线传感网络是一种自组织网络，它由大量随机放置在监测范围内的网络节点构成。按照传感网络节点的功能分类，可分为传感节点、汇聚节点和管理节点。在监测范围内，首先将各网络节点传感器获取到的环境信息以自组网的方式通过多种传输途径传输到汇聚节点，再由网络将传感器信息传输到管理节点，这便是无线传感网络的工作过程。无线传感网络的应用无处不在，未来的发展将会更加值得期待。

(1)传感网络改为传感器网络与 WSN

无线传感网络（wireless sensor network，WSN）是一种大规模、无线、自组织、多跳、无分区、无基础设施支持的网络。无线传感网络主要是应用很多低成本的微型传感器，并将这些传感器节点配置在监测区域内通过无线通信技术组成的一种多跳自组织网络系统。

传感网络由一组空间分散的传感器节点组成，传感器节点将传感器、数据处理单元和通信单元整合在一起，收集环境信息，并根据融合后的信息向环境提供适当的反馈。这种网络想要实现的是协同感知、收集和处理网络覆盖范围内所监测目标的信息，并将其发送给操作者。因此，无线传感网络的三个基本要素分别是传感器、传感对象和操作者。

无线传感网络的体系结构模仿了 Internet 的 TCP/IP 和 OSI/RM 的架构。此结构由下至上依次为物理层、数据链路层、网络层、传输层和应用层，并且每一层都有电源管理、移动管理和任务管理模块，这都是无线传感网络独有的。

(2)无线通信技术

①ZigBee：ZigBee 也被称为“紫蜂”，是一种短距离的新型无线通信技术，包括一类数据传输速率较低的电子元件及设备。其底层是基于 IEEE802.15.4 协议标准的媒体接入层和物理层。ZigBee 的主要特点是低速度、低功耗、低成本及低复杂度，并且支持大量在线节点和多种网络拓扑结构。

ZigBee 无线通信技术可以实现基于特定无线电标准的数千个微型

传感器之间的协调通信。因此,这种技术通常被称为 HomeRFLite(家用射频)无线技术或 FireFly 无线技术。ZigBee 无线通信技术也被用于基于无线通信的小规模控制和自动化领域。它可以避免计算机设备与一系列数字设备之间的电缆连接,实现对互联网通信的连接。

②6LoWPAN:6LoWPAN 是一种基于 IPv6 的低速无线个域网标准,即 IPv6 over IEEE 802.15.4。

6LoWPAN 被称为具有基于 IPv6 的协议的 WPAN 网络,6LoWPAN 所具有的低功率运行的潜力使它很适合应用在从 PDA(手持终端)到仪器的设备中,而其对 AES-128 加密的内置支持为强健的认证和安全性打下了基础。

IEEE802.15.4 协议标准旨在开发紧凑、低功耗、低成本的类似于传感器一类的嵌入式设备。该协议采用与 Wi-Fi 相同工作频段的 2.4GHz 无线电波传输数据,但它的射频发射功率仅为 Wi-Fi 的 1%,从这一点上来看,其限制了 IEEE802.15.4 设备的传输距离。因此,多台设备必须一起工作才能在更长的距离上传输数据和避过阻碍。

由于部署的大多数网络都基于 IPv4,因此需要将传统 IPv4 与新引入的 IPv6 网络进行互操作。

这种网络中有两种类型的节点,即终端节点和网关。终端节点由符合 6LoWPAN 标准的无线电、传感器和供电电池组成。端节点收集信息并将其发送到网关,在其基础上创建网状网络。网关从端节点获取信息,并使用以太网接口将其传递给 IPv4/IPv6 服务器。网关由 6LoWPAN 兼容无线电、以太网接口和电源组成。6LoWPAN 无线电可用于 Zigbee2.4GHz、868MHz 和 915MHz 频段。

③蓝牙(bluetooth):蓝牙作为一种无线通信的技术,能够实现在固定设备、移动设备和楼宇个人局域网之间的短距离数据交换。蓝牙在世界范围内的工作频率在 2.4～2.485GHz 的 ISM 频段,UHF 无线电波,使用 IEEE802.15 协议。

此外,蓝牙还是一个开放的全球无线数据和语音通信规范。它基于低成本的短程无线连接,对固定和移动设备之间的通信环境进行特殊连接。其实质是为固定设备或移动设备之间的通信环境建立一个通用的无线电空中接口(radio air interface),并将计算机和通信技术深度融合,使各种 3C 设备—Communication(通信设备)、Computer(电脑设备)、Consumer(消费类电子设备)能够在短距离内无须电线电缆即可相互通信。简而言之,蓝牙技术即使用低功率无线电在各种 3C 设备之间进行数据传输的技术。

作为一种小型无线网络传输技术,起初用来取代红外通信。在实现便捷、快速、安全的数据通信和语音通信时,其成本不高、功耗也较低,所以,蓝牙技术是无线个人局域网通信的主流技术之一,与其他网络连接可以带来更广泛的应用。

④Wi-Fi:Wi-Fi 是由无线访问节点(access point,AP)和无线网卡组成的无线网络。无线访问节点是传统有线局域网络与无线局域网络之间的桥梁,工作原理与一个内置无线发射器的 HUB(多端口转发器)或者路由类似,无线网卡则是用来接收由无线访问节点发射的信号的设备。

Wi-Fi 在中文中也称为"行动热点",它是基于 IEEE802.11 标准的无线局域网技术。无线网络是指无线局域网范畴中的"无线兼容性认证",它既是一种商业认证,还是一种无线网络技术。在之前,计算机通过网线连接,而 Wi-Fi 通过无线电波连接,最常用的是无线路由器。Wi-Fi 连接可用于在无线路由器无线电波覆盖的有效范围内联网,如果无线路由器连接到 ADSL 线路或其他互联网线路,也可称其为"热点"。

总而言之,Wi-Fi 与蓝牙技术有相似之处,都是短距离内的无线通信技术。

(3)协作感知

基于信息感知的不同性质和不同类型的形式以及内容上的不一致,不同的传感器取样方法和定量的差异会导致传感器信息的误差以及知识的局限性。一个不完整的时间和空间信息的相关性会造成初始传感器数据的不稳定和高冗余,因此,有必要研究协作感知网络信息的更好方法。

传感器协作感知网络包括传感器网络布局、网络通信和数据融合等多个方面。近年来,随着传感器网络技术的发展,传感器节点的成本不断降低，因此配备大量的传感器节点来弥补质量将成为一个可研究的方向。但还有一个关键的问题就是怎样才能对如此多节点间的传感器进行协同处理和管理执行感知任务，因此需要考虑传感器节点的拓扑结构、网络延迟、功耗和信息融合算法的开发。

协作信号处理通过协调不同节点的测量和传输时序，由传感器节点根据网络资源分布和测量目标协作，以满足降低能耗、高精度测量的需要，实现无线传感器网络信息融合。能量消耗、通信带宽和计算能力是传感器网络协同测量感知的三大制约因素，协同信号处理方法必须同时考虑每个传感器节点的通信负担、计算能力和剩余能量，使得数据融合过程能够在满足某些精度要求之前将通信和计算能耗最小化。

2.被动无线感知技术

被动无线感知是指通过处在无线网络中的生物体对无线信号的反射、折射、掩蔽等效应，搭建无线信号与生物状态之间的功能关系，感知周围环境中的各项行为动作，其中有对位置、手势、姿态和运动轨迹等的感知。被动无线感知技术最突出的一点就是操作者不需要装备其他设备，基于其穿透性也无须照明，因此使用者不再受物理设备的约束。这样不仅降低了硬件设备费用，提高了覆盖范围，还保护了使用者的隐私。它是一种非常有前途的智能感知技术。

总的来说，人工智能的智能感知技术主要分为三个方面：一是传感技术；二是无线传感网络；三是无线感知技术。只有明确这三个感知技术的具体工作并将其协同合作，才可以真正感知环境，为人工智能步入认知智能阶段奠定坚实的基础。将人工智能真正地应用于实际的生产上，还需要智能感知技术有更长远的发展。

9.3.4 智能机器人感知技术的发展

随着材料、制造技术和传感器的发展，人工智能捕捉信息的能力有了很大的提升。首先，人类利用各种环境信息材料的特殊效果来制造各种识别世界的传感器，那就是感知技术。但是，因为通信技术存在一定的缺陷，部分信息将逐渐孤立为一个信息荒漠，因此需要推动传感器技术加快向网络或无线传感网络技术进一步发展。

无线传感网络是一种自组织网络体系，它由分布在测量范围内的多种传感器组成，能够高效准确地测量外界的信息，并且基于体积小、易安装等特点，也是目前备受关注的研究课题。

最新的一项数据表明，无线信号会根据处于无线网络中的生物体行为的变化而变化，智能感知技术可以通过这个发现来进行识别与定位，其信息的传输并不需要其他装置，因此称其为无线感知。由此一来，便能够通过无线感知技术来感知处于无线网络中的各种物体，若对其做进一步研究，将会给人类的生产生活带来更多的便利。

未来智能感知技术的发展首先应该更专注于智能感知机器人。未来的智能机器人需要多种智能感知系统和更灵敏的图像处理、听觉、力觉，还要有更先进的"大脑"和思维机制，能完全听懂人类语言并且形成一种和人类似的感知模式。这就需要对感知信息进行智能的评估和分析，在全球定位、目标识别和对环境的理解等方向上进行障碍识别……还有很多的问题需要被解决。

未来的无人驾驶汽车与智能交通系统将会对智能感知技术提出更高的要求。在21世纪初期，无人驾驶汽车表现出了一种接近实用性的发展趋势。基于传感器技术，各技术领域协同合作，智能交通管理系统将会成为更加准确、高效的综合交通管理办法。想要更好地实现智慧交通，在了解其周围道路环境的同时还必须对其管辖范围内的车流量、车分布以及气候变化等情况做出具体分析。在将来的多平台协同作战传感器管理系统上，应该使用一个数据链路层的协调（全方位或定向），并将其作为平台之间的传输通道来支持作战过程中各作战平台的信息交流。平台之间相互协调，对目标进行探测和攻击，其目的是实现协同攻击和防御。

智能感知系统的发展趋势是人工智能领域与控制工程的结合，这是一种具备智能感知、智能信息反馈和智能管理解决方案的系统。在工业装置的智能感知上，由于其复杂程度较高，智能感知也面临更大的挑战。针对其改变的场景和物体，需要不同的传感器来收集信息。首先需要做的是充分采用人工神经网络模型，基于其自主学习和容错性的特点进行全面输入的学习，以此来获得各种场景和物体的特征，最后使用专家系统以及其他推理规律来实现对目标和行为的识别并提供解决方案。

9.4　智能机器人力/触觉感知系统

自古以来,人类就利用视觉、听觉、触觉、嗅觉和味觉等五种感官来适应环境。本章将主要讨论机器人的力/触觉感知,如感知力、力位置、振动、滑移、温度或是疼痛等。力/触觉赋予我们一种触觉体验,如果没有这种体验,我们就很难写出或抓住某个物体,抑或是测量物体的属性。鉴于力/触觉在科学工作和日常生活中的重要性,研究人员一直在努力更深入地了解这种感知能力,以开发下一代基于力/触觉的应用系统。

9.4.1　机器人力觉感知

1.基本概述

人的力觉是肌肉运动觉,力觉设备是一个刺激人的力觉的人机接口装置,力觉设备能够接近真实的人类感知去模拟远程或者虚拟环境中的质量、硬度、惯量等信息,并进行路径规划,这些控制任务的前提都需要传感器来进行外界环境和系统内部参数的感知。

力传感是触觉传感器的一项基本和必需的功能,已经被研究了很长一段时间。如今,设计先进的力传感器可用于集中和分散的力/压力测量,如智能机器人要在未知或非结构化环境完成作业,需要实时高精度的力和力矩信息。然而,对力/力矩信息的高质量的要求也直接导致感知系统变得高度复杂而失去稳定性。

目前最常见的机器人力/力矩信息的获取途径主要为通过多维腕力/力矩传感器和多维指力/力矩传感器获得。其中,安装在机器人中的传感器主要有陈列式、压电式和应变式三种。陈列式有动态触觉和识别形状的特殊功能,但其电路较为复杂,价格也较昂贵;压电式指尖传感器虽然有体积小的特点,但低频性能欠佳,对于多维力的测量非常困难;应变式传感器结构简单,但难以实现多点测量。

此外,根据力觉反馈的方式不同,实现机器人力控的方法也有所区别。机器人力觉主要包括力感知和力控制,前者通过关节电流、单轴力传感器、压力式电子皮肤及六维力传感器等获取力的信息,后者主要有阻抗/导纳控制、方位混合控制和观测器等方法。因此,根据实际需求选择合适的力感知和力控方法,才能最终实现力控装配、力控打磨、牵引示教及碰撞检测等功能。

2.机器人与环境的交互作用

力觉系统主要是应用在机器与人、机器人与环境的交互场景中，机械臂与人协同工的系统具体包括以下三种功能：

①检测机器人与用户的碰撞力，保护用户安全；

②实现柔顺的牵引示教，提升人机交互体验；

③辅助机器人控制对环境输出力，实现打磨、装配等柔顺生产工作。

通过力觉感知完成任务的基本要求之一是操作者具有与环境之间的交互能力，对交互状态更有效的描述的量是机械手末端执行器处的接触力。接触力的高值通常是不可取的，因为它们可能同时对机械手和被操作的物体造成应力。

在机器人末端执行器需要操纵物体或在表面上执行某些操作的情况下，机器人与环境之间的交互控制对许多实际任务的成功执行至关重要。典型的例子包括抛光、去毛刺、机械加工及装配。考虑到可能发生的情况，对可能的机器人任务进行完整的分类实际上是不可行的，而且这种分类对于找到与环境交互控制的一般策略也不会真正有用。

在交互过程中，环境对末端执行器可遵循的几何路径设置约束，这种情况通常称为受限运动。在这种情况下，使用纯运动控制策略来控制交互可能会失败。只有对交互任务进行精确的规划，才能通过运动控制使交互任务与环境成功地执行，反过来，又需要一个精确的机器人操纵器模型(运动学和动力学)和环境(几何和机械特征)。

为了理解任务规划精度的重要性，观察与定位方法相匹配的机械零件就足够了，且零件的相对定位应该保证精度大于零件机械公差的一个数量级。一旦准确地知道一个部件的绝对位置，机械手就应该以同样的精度引导另一个部件的运动。然而在实践中，规划误差可能引起接触力，导致末端执行器偏离所期望的轨迹。另一方面，控制系统会做出反应来减小这种偏差，这样一来便会导致接触力的积累，最终可能导致关节执行器饱和或接触的部件发生断裂。环境刚度和位置控制精度越高，就越有可能出现上述情况。如果在交互过程中确保了兼容的行为，那么这个缺陷是可以克服的。

从上面的讨论可以清楚地看出，接触力是用最完整的方式描述相互作用状态的量，由此一来，力测量的可实施性有望为相互作用的控制提供更好的性能。交互控制策略可分为两大类：间接力控制和直接力控制。两者的主要区别在于前者通过运动控制实现力的控制，没有力反馈闭合回路；相反，由于力反馈回路的闭合，后者提供了将接触力控制到一个期望值的可能性。

9.4.2 机器人触觉感知

1.人类的触觉

人类触觉感知可以作为机器人触觉感知的基础，人类的“触觉”包括两种主要的次模态，皮肤的和动觉的，以其感觉输入为特征。皮肤感觉接收来自嵌入皮肤的感受器的感觉输入，而动觉接收来自肌肉、肌腱和关节内感受器的感觉输入。应该注意的是，感觉输入不仅有机械刺激，还有热、冷和各种刺激产生疼痛。

人的触觉是通过接触、刺激获得的感觉，触觉设备是一个刺激人的触觉的人机接口装置，触觉设备能够真实地再现形状、纹理及粗糙度等触觉要素。

机器人技术被分别定义为外部和内部传感。在机器人应用中，外部触觉传感是通过触觉传感阵列或一组协调的触觉传感器来实现的。在系统层面上，触觉传感系统可以说是由各种各样的传感元件来对感知的事件进行联系的。例如，外部的触觉传感和计算处理单元在机器人中被称为外部触觉传感系统，类似于皮肤传感系统，其中每个接受域都与分析的特定区域相关联。

如前所述，触觉是人类的五种感官之一。虽然视觉和听觉通常被认为是我们日常生活中最重要的两个感官，但触觉同样非常重要，因为它使我们能够非常灵活地使用工具。因此，触觉感知领域发展的一个重要步骤是开发一种机械装置，令它复制和取代人类的手的触觉，但这同样是一个非常重大的挑战，这主要是因为我们的手（特别是手指）对 10～100Hz 范围内的最小振动都非常敏感。因此，为了帮助定义此类硬件的设计要求，理解触觉感知机制的基本原理是很重要的，这些知识有助于推动触觉感知的发展，同时，它还有助于我们理解哪些信号对沟通是重要的以及其应该被沟通的程度。虽然这些知识是一个先决条件，但还有更多的东西需要被考虑，并不是简单的触觉神经生理学，而是触觉和动觉信息的结合。

2.触觉感知的定义和分类

(1)触觉感知的定义

触觉感知可以被定义为一种感知形式，通过感觉器官和物体之间的物理接触来测量物体的给定属性。因此，触觉传感器被用于测量传感器和物体之间的接触参数，使其能够检测和测量任何给定的感觉区域上的力的空间分布，包括滑移和触摸感知。

实际上，滑移是测量和检测一个物体相对于传感器的运动。触摸传感可以与检测和测量在指定点的接触力相关联。触觉感知可以覆盖的刺激范围是从提供有关接触状态的信息(如与传感器接触的物体的存在或不存在)到对触觉状态和物体表面纹理的完整映射或成像。

(2)触觉感知的分类

基于要完成的功能或任务，机器人的触觉感知可以分为两类：第一种是“动作感知”，即抓握控制和灵活操作；第二种是“感知行为”，即物体识别、建模和探索。除了这两种功能类别之外，还有第三种类别，其同样是触觉，但同时涉及了动作和反应，换句话说，就是触觉信息的双向传递。

根据传感器所处的位置，可以将机器人的触觉感知分为外部感知和内部感知。内部传感器被放置在系统的机械结构中，通过力传感器获得类似于力大小的接触数据；外部触觉传感器/传感阵列安装在接触表面或附近，处理来自局部区域的数据。如前文讨论的人类皮肤感知一样，触摸传感器的空间分辨率在整个身体/结构中不一定是统一的。例如，人类的空间辨别能力在指尖位置是最好的，这是因为指尖的触摸感受器很多，感受区域很小。而在其他区域，如躯干由于受体较少，接受域较大，因此空间信息就不那么精确。根据这一论点，外部触觉感知可以进一步分为两部分，第一部分是高度敏感的部分(如指尖)，第二部分是敏感度较差的部分(如手掌或大面积皮肤)，前者需要高密度的触觉传感阵列或在小空间(约 1mm 的空间分辨率)中大量的触觉传感器和快速的响应(几毫秒量级),而后者在这方面的限制相对来说较为宽松。

触觉传感器的设计有两个决定因素:一是应用的类型;二是所接触的对象的类型。例如,当触觉传感器接触软物(如大多数生物组织)时,与接触硬物有所不同,它会出现更复杂的情况,需要更复杂的设计。根据传感器的工作原理和传感器的物理性质,也可以将外感/触觉感和内感进行分类,根据工作原理,触觉传感器可以是电阻式、电容式、感应式、光学式、磁性式、压电式、超声波式和磁电式等。根据传感器的力学性质,传感器可分为柔性、柔顺、刚性和刚性等。

此外,广义的触觉包括两种生理感觉。第一种是触觉感受器,位于真皮下,被称为机械感受器,用于检测皮肤表面的信息,如接触压力或振动;第二种是本体感觉,这种感受器存在于肌肉或肌腱中。

①机械性感受:人类的手包含一组复杂的特殊感受器,这些感受器足够坚固,能够承受反复的冲击,同时还能检测微弱的振动和柔软的触摸。

目前已经确定了四种主要类型的触觉机械感受器——压力、剪切、振动和纹理,每一种都与特定的现象有关。这些机械感受器的感觉元件非常相似,因为它们在皮肤中拥有物理包装以及位置,能够完全适应其用途。

位于皮肤深处的受体有更大的接受区域,相应地,在每单位面积的皮肤上观察到的Ⅱ型受体较少。受体进一步可分为快适应(fast adapting,FA)型和慢适应(slowly adapting,SA)型。FA 型不会对静态刺激做出反应,而只对刺激变化时的皮肤压痕做出反应。SA 型表现为持续放电,同时维持稳定的压痕。这两种类型的传感元件类似于压电和压阻传感元件。但是,与提供模拟信号的人造压电和压阻式传感器不同,生物机械感受器将其信号编码为一系列脉冲,类似于数字串行通信。

②本体感觉:本体感受是指对自身感觉的感知,本体感觉提供关节角度或肌肉收缩力等身体内部信息,主要通过运动感觉和前庭感觉的输入相结合来跟踪身体位置和运动的内部信息。动觉告知身体各部分相对于其他部分的位置,而前庭感觉通过感知重力和加速度来详细说明身体各部分的位置。

9.4.3 机器人力觉信息的获取及处理

虽然视觉感知的概念我们很熟悉，但收集触觉信息并将其转化为有用形式的应用程序和设备还没有被很好地理解或确定。

客观地看，当外界刺激通过身体接触与我们的机械感受器相互作用时，力觉是可以感知的。与我们的其他感官（只局限于眼睛、鼻子、嘴巴和耳朵）相反，力觉是一种全身体验，它由一系列不同类型的神经和感觉元素组成。我们的皮肤能够感知力及施加力的位置。在某种程度上，这些感官可以通过使用力觉传感器的信号来模拟，以便为应用程序提供比例输入控制。力觉信息是通过肢体对物体的某些行为动作来获取的，这些行为包括按压、推、拉、抬等。一般来说，研究人员在开发基于此目的的触摸传感器时，已经复制了人的肢体收集力觉信息的方式。

20 世纪，研究人员试图设计一种具有商业可行性的带有力觉传感器的机械手，但最终以失败告终。这种失败是由于这种系统的复杂性，其力觉传感器需要与物体进行物理交互，而音频或视觉系统则不需要。此外，在自动化汽车行业这样一个高度结构化的环境中，力觉传感往往不是最有效的选择。然而，对于任何被处理的物体都发生不规则变化的非结构化环境，或者如果工作环境有任何紊乱，力觉感知在通过力觉传感器收集力觉信息方面的作用是至关重要的。

力与力矩传感器的作用有两方面：一是检测其自身内部的力；二是检测与周围环境相互作用的力。由于力是不能够直接测量的物理量，因此力的测量需要以其他物理量为媒介间接测量。力与力矩的检测方法主要有以下几种。

①通过检测物体弹性形变测量力，如采用应变片、弹簧形变测量力。

②通过检测物体压电效应检测力。

③通过检测物体压磁效应检测力。

④采用电动机、液压马达驱动的设备，可以通过检测电动机电流及液压马达油压等方法测量力或转矩。

⑤装有速度、加速度传感器的设备，可以通过对速度与加速度的测量推出作用力。

9.4.4　机器人触觉信息的获取及处理

1.轮廓特征的识别

机器人通过接触物体本身获得触觉信息，其触觉传感器置于机器人的手上，它只能多握几次物体，并不能全面地接触到物体的全部，所以获取的信息不完整，只是局部信息；而视觉传感器因为使用了半导体，所以可以得到详细的信息。虽然触觉传感器没有得到像视觉传感器那么详细的信息，但是它不会被照明所影响，具有能够获得视野以外物体信息的优点。

(1)触觉图像的几何学性质

设触觉传感器的敏感元位于阵列(x,y)的位置，加在敏感元上的力或变位量定义为$T(x,y)(x=1,2,\cdots,m,y=1,2,\cdots,n)$，即设触觉传感器由$m\times n$个敏感单元排列成阵，$m$和$n$分别是$X$方向与$Y$方向上的敏感单元，可以得到式(9-1)：

$$m_{00}=\sum_{x\in M}\sum_{y\in N}T(x,y)\,(x\in M=\{1,2,\cdots,m\},y\in N=\{1,2,\cdots,n\}) \tag{9-1}$$

式中，m_{00}称为0次矩，它表示$T(x,y)$的总和，在二值触觉图像的情况，它表示与触觉传感器接触的物体的表面积。

$T(x,y)$的一次矩可以由式(9-2)和式(9-3)表示：

$$m_{10}=\sum_{x\in M}\sum_{y\in N}xT(x,y)=\sum_{x\in M}x\sum_{y\in N}T(x,y) \tag{9-2}$$

$$m_{01}=\sum_{x\in M}\sum_{y\in N}yT(x,y)=\sum_{y\in N}y\sum_{x\in M}T(x,y) \tag{9-3}$$

由此可以求出触觉图像的重心：

$$x_g=\frac{m_{10}}{m_{00}}\quad y_g=\frac{m_{01}}{m_{00}} \tag{9-4}$$

则二次矩表示为：

$$m_{20}=\sum_{x\in M}\sum_{y\in N}x^2T(x,y)=\sum_{x\in M}x^2\sum_{y\in N}T(x,y) \tag{9-5}$$

$$m_{02}=\sum_{x\in M}\sum_{y\in N}y^2T(x,y)=\sum_{y\in N}y^2\sum_{x\in M}T(x,y) \tag{9-6}$$

式中，m_{20}是绕Y轴的惯性矩；m_{02}是绕X轴的惯性矩。

(2)物体断面形状的识别

两根对置并有指关节的手机或者有三根手指的人工手指,接触状态是通过设置在手指上的传感器来获取的。获取的方法有三种。

①通过设置在手指表面的开关型触觉传感器来获取接触图像。但是这种方法对被识别的物体有限制,它是先获取各种物体的接触图像,然后根据接触图像来识别物体。

②接触图像和手指各关节角度信息结合。

③截取局部接触的特点和各关节的角度信息结合。

2.空间信息识别

用触觉传感器对物体进行三维形状识别有两种情况:一是目标物体与对其进行识别的接触传感器产生接触(或压力)进而生成三维接触图像,然后对图像进行识别,以此来确定目标物体的形状;二是根据配备触觉传感器的机械手指或者其他机械结构的运动,通过传感器所感知的触觉图像和它的位置状态等来识别物体形状。

(1)触觉传感器的三维触觉图像的获取和识别

对于机器人手指用的触觉传感器也存在一些要求:第一,触觉传感器安装在机器人手指上应该大小合适;第二,敏感元的分布应该和手指的触觉感受器的分布相似;第三,要求敏感元的表面可以得到法线方向和切线方向等信息;第四,要求可靠性强,不能受到一些因素影响而导致故障和损坏。

①手指内嵌入触觉传感器来识别物体形状:安装于机器人手指的触觉传感器已经可以用于识别物体形状,比如装在手指内部的光电触觉传感器,它中心部分的敏感元件配置比较密,其他部分的敏感元件配置就较为稀疏。

②面式触觉传感器识别物体。面式触觉传感器的大小可以随意地设计,如果要使敏感元件配置较密,就可以增加敏感元件的数量,但随之就会产生诸如布线问题、敏感元件输出的获取方法等问题。下面主要介绍光学式和利用导电橡胶的面式触觉传感器。

在圆锥状凹凸的白色硅橡胶片下面放置丙烯板,光照射到丙烯板的侧面,如果给硅橡胶片加力,那么在硅橡胶片和丙烯面的连接面上就会产生光散射。施加压力和连接面是成正比的,所以如果想要查出施加压力或者位移量,可以通过散射光量得到。

(2)触觉传感器对物体的识别探索

如果物体的面积比手指的触觉传感器大,就可以通过手指的移动来确定物体的表面,进而识别物体的形状。

参考文献

[1]刘甫迎,杨明广.云计算原理与技术[M].北京:北京理工大学出版社,2022.

[2]韩锐,刘驰.云边协同大数据技术与应用[M].北京:机械工业出版社,2022.

[3]申时凯,佘玉梅.人工智能时代智能感知技术应用研究[M].长春:吉林大学出版社,2023.

[4]王伟,陆雪松,蒲鹏,等.云计算系统[M].北京:高等教育出版社,2023.

[5]周庆,曾俊,廖盛澨.云计算基础架构平台应用[M].大连:大连理工大学出版社,2023.

[6]王凤军.数据结构与数据库技术[M].北京:机械工业出版社,2022.

[7]翟运开,李金林.大数据技术与管理决策[M].北京:机械工业出版社,2022.

[8]胡伦,袁景凌.面向数字传播的云计算理论与技术[M].武汉:武汉大学出版社,2022.

[9]唐九阳,赵翔.大数据技术基础[M].北京:高等教育出版社,2022.

[10]邓练兵,邵振峰.跨域多维大数据管理模型与方法[M].北京:科学出版社,2020.

[11]江大伟,高云君,陈刚.大数据管理系统[M].北京:化学工业出版社,2019.

[12]宫琳,程强.面向复杂系统设计的大数据管理与分析技术[M].长春:吉林大学出版社,2020.

[13]陈亚娟,胡竞,周福亮.人工智能技术与应用[M].北京:北京理工大学出版社,2021.

[14]袁强，张晓云，秦界.人工智能技术基础及应用[M].郑州：黄河水利出版社，2022.

[15]钟跃崎.人工智能技术原理与应用[M].上海：东华大学出版社，2020.

[16]谭阳.人工智能技术的发展及应用研究[M].北京：北京工业大学出版社，2019.